好妈妈必读系列

儿童性格管理

赵欣 康英杰 著

中国铁道出版社有限公司
CHINA RAILWAY PUBLISHING HOUSE CO., LTD.

图书在版编目（CIP）数据

儿童性格管理 / 赵欣，康英杰编著 . 北京：—中国铁道出版社有限公司，2021.6
ISBN 978-7-113-27817-5

Ⅰ. ①儿… Ⅱ. ①赵… ②康… Ⅲ. ①性格—儿童心理学 Ⅳ. ① B844.1

中国版本图书馆 CIP 数据核字（2021）第 050178 号

书　　名：儿童性格管理
作　　者：赵　欣　康英杰

责任编辑：陈晓钟　　　读者热线：（010）51873038
封面设计：闰江文化
责任校对：苗　丹
责任印制：赵星辰

出版发行：中国铁道出版社有限公司（100054，北京市西城区右安门西街 8 号）
印　　刷：三河市宏盛印务有限公司
版　　次：2021 年 6 月第 1 版　2021 年 6 月第 1 次印刷
开　　本：880 mm×1 230 mm　1/32　印张：8.375　字数：220 千
书　　号：ISBN 978-7-113-27817-5
定　　价：52.00 元

序 言

“一个人毕其一生的努力，就是在整合他自童年时起就已形成的性格。”很多父母都知道荣格这句非常有名的话，同时也意识到性格对孩子未来有着很大的影响，所以都想让孩子从小就养成良好的性格。

好的性格是人生中一笔重要的财富。著名教育家乌申斯基曾经这样比喻：好的性格就像人存放的一笔好“资本”，人的一生都在享受这一好资本不断增值所带来的“利息”；而不好的性格就像一笔永远也无法还清的“债务”，并且这笔债务还在不断增加，不仅阻碍人的成功，还会让人最终“破产”。

怎样培养孩子的性格呢？有的父母直接去向那些拥有好性格孩子的父母“取经”。比如，有的孩子比较自卑，于是父母就向那些自信孩子的父母去请教，或者从一些论坛上去搜寻成功经验，然后将这些成功经验套用在自家孩子身上，但效果却并不理想。

为什么同样的办法对有的孩子有效，对有的孩子却没效？这是因为不同的孩子性格有所不同，其背后隐藏的心理动机也不同，因而同样的方法用在不同孩子身上反应也各不相同，当然效果也会不同，所以父母在培养孩子性格时，要先了解孩子的性格，在此基础上采用不同方法有针对性地去培养孩子，这样才更有可能取得好的效果。

为了让父母先弄清楚孩子的性格，本书第一章介绍了一个简单的心理学工具——性格色彩，这一工具方便父母了解自己孩子的性格，在了解孩子性格的基础上，父母可以更科学地去培养孩子。

对于父母希望孩子拥有的一些良好性格，如勇敢、专注、自信、主动等，本书第二章从心理学角度对其进行了解析，并辅以生动的案例，简单易行的方法，可操作性非常强，父母可以借鉴。

很多父母还有这样的疑惑：我已经了解孩子的性格了，但在遇到具体问题时还是不知道该怎么办？为了解决家长的这一难题，本书第三章选择了一些典型的、并且在孩子成长过程中经常遇到的问题，如撒谎、自卑、懦弱、暴躁、害羞、小气等，从心理学角度对造成这些问题的原因进行了深入分析，并给出相应的解决方案。只有找到问题的根源，才能帮助孩子彻底解决问题，不是吗？

良好性格的培养不是一蹴而就的，父母在培养孩子时一定要有信心、有耐心，在和孩子相处过程中，父母如何做才能达到最佳效果，本书在第四章对其进行了详细介绍，良好的亲子关系更有利于孩子性格的培养。

虽然性格跟先天基因有关，但后天环境对它的影响更大。我国著名儿童教育家陈鹤琴先生说：“小孩子生下来都是好的，到了后来，或者是好，或者变坏，这和环境有很大关系。环境好，小孩子就容易变好；环境坏，小孩子就容易变坏。”

家庭是孩子出生后最初的教育场所，是“制造”人类性格的工厂。家长的性格、教育方式、教育观念，孩子在家庭中所处的位置及扮演的角色对孩子的性格影响非常大，所以如果想要孩子拥有良好的性格，一定要为孩子创造一个良好的家庭环境。

父母要知道，孩子的良好性格不是凭空出现的，而是在一定环境中培养出来的。著名教育家爱伦·凯说过，良好的环境是孩子形成正确思想和优秀人格的基础。

调查发现，那些生长在温馨、和谐家庭中的孩子大多性格活泼、勤奋好学、合作友善、富有同情心，并且智力水平也相对较高。而那些出了问题的孩子，其大多父母不和，经常吵架，家庭氛围不好。所以父母在养育孩子时，也需要反省一下自身，做一个清醒、冷静的父母，尽量为孩子创造一个温馨、和谐的家庭环境。

著名心理学家、教育学家威廉·詹姆士曾说：“播下一个行动，收获一种习惯；播下一种习惯，收获一种性格；播下一种性格，收获一种命运。”如果你想要自己的孩子有个美好的未来，那就行动起来吧！

2021年5月

作　者

目 录

第三章　性格的培养2：弥补这些小缺陷，孩子将更加出色

第四章　父母的引导：聪明父母有妙招

附录 培养孩子性格的六大教育方法

第一章

性格的认识：FPA性格色彩学下的“四色”小孩

揭开孩子性格色彩背后的心理密码

世上没有两片完全一样的树叶，当然也不会有两个完全一样的孩子。每一个孩子从刚出生便表现出不同的气质（心理学上把与生俱来的性格特点称为气质），后来在环境的不断影响下慢慢形成了不同的性格。

对于不同性格的孩子，家长应该采取不同的教育方式。这点家长们应该深有体会，比如同样是孩子不爱学习，有的家长采取激励的方法就很有效，有的家长采取同样的方法则完全没效果，反倒是采用批评的方式才有效。

如果父母不懂这点，而直接照搬别人的“成功经验”，不仅很难取得成功，有时还会引发孩子跟家长的矛盾和冲突，进而造成亲子关系的破裂。

如果父母在教育孩子时不重视孩子的性格，不懂得根据孩子的性格特点去制定一套适合孩子自己的教育方法，那么孩子的优势往往会发挥不出来，进而影响孩子的发展。

所以，父母在教育孩子之前要先了解一下孩子的性格，然后根据不同的性格制定不同的教育方法，这样才会有好的效果。

如何从心理学角度了解孩子的性格呢？父母可根据一种简单易学的心理学工具——FPA 性格色彩去判断孩子属于哪种性格。

FPA（Four-colors Personality Analysis）性格色彩分为红色、蓝色、黄色、绿色四种颜色。人的性格是复杂的，因此一个人绝不可能仅仅只受其中一种颜色支配，四种色彩的综合才是对性格最完整的描述，只不过通常其中的一种或两种色彩占主导位置。FPA 性格色彩跟其他性格分析系统的本质区别是：每种性格色彩内部都有一个核心动机，这个动机就是为什么要这么去做。

根据FPA性格色彩学说，“红色”小孩的动机是快乐。比如他想要买某样东西，终极目标便是快乐。如果你没给他买，他的快乐就没了，于是就会哭闹；如果你给他买了一个其他玩具，他就有了新的快乐进而停止哭闹。

“蓝色”小孩的动机是完美，他渴望被别人理解。如果他想要买某样东西，不会直接表达，而是一直暗示你，如果你没有理解他的需求或者不愿买给他，他内心会很痛苦，并且久久不能释怀。

“黄色”小孩的动机是成就，他定下目标后就会想尽办法完成。如果他想要什么东西，会想方设法去得到，不达目的誓不罢休。

“绿色”小孩的动机是稳定，这类孩子自身的变化和需求都很少。通常他很少有想要的东西，即便想要也不会主动跟父母说。“绿色”小孩喜欢付出，很少向父母索取什么，也很少提什么要求，他通常不愿意去麻烦别人。

想要教育好孩子，必须要知道孩子为什么这么去做，了解了孩子性格背后的动机，在此基础上采取相应的有效措施，这样才能取得良好的效果。

对于孩子离家出走这一行为，根据FPA性格色彩学说，不同“颜色”的孩子有不同的心理。通常“蓝色”和“绿色”小孩很少会离家出走，“红色”和“黄色”小孩容易离家出走，不过他们背后的原因却各不相同。

“绿色”小孩不会离家出走是因为他们喜欢稳定，所以通常没有离家出走的想法，有时即便被父母误解，他们也不申辩和反抗，

“叛逆”也几乎跟他们没有关系。当“蓝色”小孩遇到委屈和误解时，通常会用沉默来表达自己的愤怒和反抗，不过不会离家出走，他们之所以不离家出走，是因为强大道德力量的束缚和对于规则的严格遵守，这不代表他们没有离家出走的想法，这点跟“绿色”小孩是完全不同的。

“红色”小孩离家出走，主要是因为他们情绪容易激动，脑袋一热就会离家出走，想给父母一些颜色看看，不过他们通常只在外面游荡一圈，等没有东西吃时也就回家了。“黄色”小孩离家出走，是向父母表明自己内心的坚决态度，是想向父母表达自己想要掌握命运的强烈愿望，他们在离家出走后通常不会轻易回头。

如果父母不了解隐藏在孩子行为背后的心理原因，直接粗暴地教训孩子一顿，又怎么会有效果？如果父母再极端一些，不酿成教育悲剧才怪。假如父母不了解不同“颜色”孩子的性格特点，对于孩子的行为，比如离家出走，采取不管不问的态度，只等着孩子自己回来，那么就有可能永远失去“黄色”小孩了。

其实对于怎么去教育孩子，很多父母也没有经验，这个世界还没有“父母合格证”一说。大多数父母根据自己父母教育自己的经验再去教育孩子，也有部分父母则是按照自己的想法去教育孩子，还有父母直接放手让孩子自由成长，其实所有这些都是极不负责的做法。父母不仅需要了解孩子的性格，还要清楚自己的性格，只有父母真正成长和完善后，才能更好地教育孩子。

孩子的心理与成年人的心理有所不同，父母要学会用孩子的思维去看问题，而不是根据自己的想法去揣测孩子的心理，教育孩子要先了解孩子的心理。我国现代幼儿教育的奠基人、著名儿童教育家、儿童心理学家陈鹤琴曾说过，家庭教育必须根据儿童心理方能行之得当，若不明儿童的心理而妄施以教育，那教育必定没有成效可言。

家长可根据下面的附表1，看看孩子的性格到底是红色、蓝色，还是黄色或绿色，然后根据本章后面几节对不同类型孩子的具体分析，去深入了解孩子的性格，了解孩子行为背后的动机，在此基础上因材施教，帮助孩子成为更好的自己。

附表1：FPA儿童性格色彩简易测试

父母可以在观察孩子行为的基础上，结合下面相关测试题目，对孩子性格色彩做个测试。这个测试父母可以替孩子完成，不过如果孩子已经有了足够的认知能力，还是由孩子自己完成较好，这样会更准确（注：每题只可选择一个答案）。

1. 孩子对周围环境的感受：

A. 喜欢热闹的环境，活泼好动，人越多越兴奋，善于结交朋友。

B. 喜欢安静、独处，不愿意凑热闹。

C. 对环境的掌控力比较强，能够迅速适应环境，并主导周围的人。

D. 比较安静、随和，不愿意与人发生冲突，人际关系很好，不喜欢显露自己。

2. 孩子给人的印象：

A. 乐观，喜欢开玩笑，善于表达，热情洋溢。

B. 说话严谨，做事考虑周到，不会莽撞而为。

C. 行动迅速，目标明确，不达目的誓不罢休。

D. 做事节奏慢，心态平和，不给自己施加压力。

3. 孩子在表现自我方面：

A. 喜欢表现自己，追求别人的赞美与认可，在意别人对自己的评价。

B. 默默地做好自己的事，不喜欢张扬。

C. 有目的地展现自己，对自己充满自信，不轻易认错，不服输。

D. 做事需要较大的推动力或者环境所迫，不会主动表现自己。

4. 对于承诺：

A. 乐于承诺，但是说过就忘。

B. 注重承诺，说到做到，反感别人承诺不兑现。

C. 对于承诺，有选择地兑现，该记住的记住，不该记得的就忘掉，完全由自己掌控。

D. 除非被逼无奈，否则很少承诺，不愿意承担责任和风险。

5. 孩子在面对任务的时候：

A. 经常拖到最后一刻才完成任务。

B. 计划性极强，每件事都按照计划一步步完成。

C. 一拿到任务，只要认为值得做，便会第一时间完成，行动果断迅速。

D. 善于从容面对压力，不急不慢，很少出现焦急、烦躁的情绪。

6. 孩子在做事的时候：

A. 喜欢同时做几件事，容易被干扰，偏离主题。

B. 专心致志做一件事，有始有终。

C. 抗压能力极强，一旦开始做事，非常专注，讨厌别人打扰。

D. 从众心理较强，喜欢大家一起做，不愿意单独承担任务。

7. 如果受到老师的批评：

A. 很容易认错和道歉，但重复错误的概率较高。

B. 情绪会受到较大影响，内心容易受到伤害。

C. 轻易不会认错，抗争到底。

D. 害怕被批评，马上妥协退让。

8. 在面对陌生人时：

A. 喜欢主动与人搭话，很快就熟悉起来。

B. 小心翼翼，不会轻易靠近，警惕性强。

C. 视情况而定，该近的近，该远的远，有自己明确的判断。

D. 能躲就躲，跟自己没有关系。

9. 和同学的关系：

A. 害怕独处，喜欢交际，人缘好，朋友多，主动与同学交朋友。

B. 喜欢独处，朋友不多，但是对朋友非常用心、忠诚。

C. 掌控欲强，不愿意听从别人的指挥，喜欢自己主导。

D. 为人随和，愿意配合别人，非常忍让。

10. 对于家长和老师的教导：

A. 答应快，但是转眼就忘，落实较为困难。

B. 只要答应的事，一定严格执行，极少出差错。

C. 有条件地答应，不会轻易妥协，答应的事会很快去做。

D. 极少反抗，态度平和，但是行动缓慢，见效很慢。

统计上面 10 个选项的测试结果，对所有题目的选项结果做数量汇总，并将其分别填在下表中。

选项—对应性格色彩	数量
A—红色	
B—蓝色	
C—黄色	
D—绿色	

测试结果解释：

上面四个选项中，如果"A—红色"的总数是 7，占绝对优势，那么孩子就是标准的红色性格；如果测试结果中"C—黄色"是 5，"A—红色"是 3，其他各为 1，那么孩子的性格色彩就是黄 + 红。

这项测试中，数量最多字母对应的色彩就是孩子的核心性格，透过这种性格，我们可以看出孩子天性中最重要的动机（即为什么要这么去做），其他字母对应的数量则代表孩子整体性格中其他性格成分所占的比重。

这里需要注意：孩子的核心性格主色只有一种，但是孩子的性格色彩可能是一种，也可能是多种色彩的组合。

热情乐观却情绪化的“红色”小孩

“红色”小孩是个快乐制造者，他做事的动机很大程度就是为了快乐，追求快乐是他最大的动力，他积极乐观、热情开朗、乐于助人、善于交际，非常有魅力。

“红色”小孩的优势

1. 拥有阳光般的乐观心态

即便天空乌云密布，“红色”小孩也能从乌云中找到一些“有趣”的云朵；即便渴得要命时只发现半杯水，“红色”小孩也会说：“真好，还有半杯水！”当然，“红色”小孩也有沮丧的时候，不过过不了多久就会被新的事物所吸引，他总能化解不好的情绪，并让自己始终保持乐观的心态。

2. 热情开朗，乐于助人，天生不记仇，朋友遍布天下

对“红色”小孩来说，他的字典里没有“陌生”这个词语，他热情开朗、积极主动，常常自告奋勇去帮助别人，跟“蓝色”小孩“人生得一知己足矣”的观念不同，“红色”小孩的朋友遍布天下。其实“红色”小孩并非天生豁达，相反，他的情绪容易激动，常常会与别人起冲突，不过“有错就认”和“不记仇”的好性格让他与别人的冲突没有“黄色”和“蓝色”小孩那么强烈。

3. 激情澎湃，善于表达，调动气氛，感染四方

“红色”小孩天生富有感染力和表现力，他的表达能力非常强，并且善于调动气氛，很容易成为焦点人物。

虽然“红色”小孩有这么多优势，但也有自己的劣势。

1. 非常聒噪，惹人讨厌，口无遮拦，缺少分寸

“红色”小孩渴望得到他人的关注和欣赏，如果不加以控制，往往会被别人贴上“爱出风头”的标签。如果他们善于利用自己的优点，那么很容易成为一个天生的演讲者；如果他们滥用自身的能力，不停地聒噪，只会引起别人的反感。其实“红色”小孩的很多麻烦都跟他的嘴有关，他虽然乐于分享，但很多时候说话口无遮拦，一不小心就会成为别人讨厌的“大嘴巴”。

2. 容易情绪化，鲁莽冲动，变化无常，不守承诺

“红色”小孩容易情绪化，可能一个小小的挫折就会引发一场大“地震”，这种不稳定让人害怕，从而大家一般都不敢把重要任务交给他。“红色”小孩做事不喜欢计划，他喜欢“走一步算一步”，

常常临时变化。对于别人的承诺，他也常常以“计划赶不上变化”来为自己开脱，进而导致别人认为他没有诚信。如果放任“红色”小孩将自己的未来和人生交给情绪，那么将会失去很多成功的机会。

前面说过教育孩子要根据每个孩子不同的性格制定相应的策略，这样才能事半功倍。对于“红色”性格的小孩，父母要多注意以下几点：

1. 多赞美和肯定“红色”小孩

中国父母大多含蓄，不太喜欢称赞自己的孩子，有的父母还担心称赞多了，孩子容易骄傲，这样的教育观点对“红色”小孩来说是不正确的。“红色”小孩喜欢被别人关注，比较享受赞美，所以父母在教育“红色”小孩时要多赞美和肯定。

“红色”小孩大多外向活泼，喜欢把开心好玩的事情分享给父母，比如自己学到了什么新知识，考试又取得了好成绩，诗歌朗读被老师表扬等，都会事无巨细地跟父母说说，这时父母只要给予表扬和鼓励，都会让“红色”小孩得到满足，然后开心地去做其他事情。如果父母没有及时给予表扬，“红色”小孩会非常不开心，还会抱怨父母不理解不关心自己。

对于“红色”小孩来说，无论他们多苦多累，只要一句鼓励或肯定的话都能让他们重新开心起来，他们会觉得一切付出都是值得的。父母如果发现“红色”小孩写作业比较懈怠，不妨主动提起孩子曾经做过的一些了不起的事情，并大力称赞他，这样做会让“红色”小孩“满血复活”，重新燃起写作业的热情。

如果你希望你家的“红色”小孩学习成绩更好，那就多肯定他的努力和付出；如果你想让“红色”小孩具有生活自理能力，那就多表扬他按时起床，按时睡觉，能够自己整理房间等这方面的能力。父母一定要记住，即便“红色”孩子还没达到你心中的标准，也要多表扬激励他，而不是贬低打压他，因为“红色”小孩得到的赞美和肯定越多，前进的动力就越大，进步也越大。

2. 采用“乾坤大挪移”

“红色”小孩容易被新事物所吸引，当发现“红色”小孩发怒时，父母可以利用这点转移他的注意力，以此来帮他走出负面情绪。

白滚滚正在玩拼图游戏，不过怎么拼也拼不好，于是就生气地将拼好的部分全部弄乱，并将其丢在一边，还说自己再也不拼这破玩意了。

妈妈看到后本想批评他几句，不过想到前几天刚学的性格色彩知识，知道滚滚是“红色”小孩，于是就管住了自己的嘴。她拿了一个苹果给滚滚，一边拼滚滚放弃的拼图，一边夸奖滚滚最近数学作业写得不错。滚滚一听就忘记之前的郁闷了，跟妈妈开心地说了起来。

拼了一会，妈妈停了下来，挠挠头，自言自语道：“哎，这块到底应该放在哪里呢？”

滚滚已经忘记之前自己发的“誓言”了，他凑了过来，顺口接道：“妈妈，你应该把它放在这里。”说着主动接过妈妈的图块，又开始专心拼了起来。

“红色”小孩就是这样，他的坏心情持续不了多久，当他想发脾气时，只要你及时转移他的注意力，很快就能让他重新快乐起来。当他发现大人也需要帮忙时，他的自信很快又回来了，于是又信心满满地重新开始了。

当“红色”小孩陷入痛苦时，父母千万不要再批评刺激他了。有的父母看到孩子事情没做好，经常这样挖苦：“真没用，这点小事都做不好，以后长大了还能有什么出息？！”殊不知这样会让孩子更加不自信，从而陷入痛苦的深渊。正确的做法应该是先通过“乾坤大挪移”将孩子从痛苦的情绪中拽出，然后再想办法将他的积极性调动起来，最后再将他的注意力转移到没干完的事情上，让他继续下去。

3. 采用调侃的方法化解孩子的无理要求

对“红色”小孩来说，他需要的是一个有趣的玩伴，而不是一个高高在上的父母，想要当好“红色”小孩的父母，最好就是做孩子的玩伴。“红色”小孩喜欢快乐，喜欢被人在乎的感觉，当他向家长提出自己的要求时，他在意的是你对他的态度。如果你直接拒绝他的要求，他会很难过，不过他难过的不是没有得到那个东西，而是你对他的态度。面对“红色”小孩的无理要求，父母如果想拒绝，可以采取调侃的方式。

滚滚快过生日了，爸爸问他要什么礼物，滚滚说他想要一百万。爸爸并没有责备滚滚，也没有长篇大论地教育滚滚小小年纪就被金钱所迷惑，而是认真思考了好一会儿，然后笑着说自己会努力想办法满足他的愿望。

生日那天爸爸真的送给滚滚一百万，不过是一百万印尼盾（相当于四百多元人民币），不是一百万人民币。滚滚看到爸爸将自己的话放进心里非常开心，他感受到了爸爸浓浓的爱意，所以根本没在意到底是人民币还是印尼盾。

跟“红色”小孩聊天时，不要用家长的身份强迫他，要尽量跟孩子进行平等的沟通，对于孩子不合理的要求可以采用调侃的方法去化解。当他觉得跟你沟通很快乐时，即便是拒绝他也不会生气的。记住，他在乎的是你对他的态度，而不是结果。

4. 用鼓励的方式让孩子学会坚持

“红色”小孩不专注，兴趣容易转移。当“红色”小孩兴趣发生转移后，他的热情和勤奋也会突然消失。当“红色”小孩想要放弃时，父母应该怎样做，才能让孩子继续坚持下去呢?

很小的时候滚滚就喜欢画画，到现在为止，已经坚持学习四年了，画得也不错。最近妈妈发现他的兴趣好像没了，以前上美术课他都非常积极，现在根本不想去，他说看到别人打鼓挺有意思，他想做一名鼓手。

妈妈跟爸爸商量怎么办？爸爸觉得滚滚有绘画天赋，并且也坚持了这么久，这时放弃有些可惜，但是滚滚现在兴趣已经快没了，看来只能重新激发他的兴趣了。

妈妈想起滚滚当初之所以要学画画是因为第一次画画被老师夸奖有天赋，后来又看了达·芬奇的传记，于是妈妈又买了一些著名画家的传记让滚滚看。妈妈还将滚滚的画带到自己公司让同事看，回来妈妈就告诉滚滚，她们公司的同事都夸他画得非常好，一看就是个“小天才”，有一个同事还非要买滚滚的画，她不好意思多要，只要了 10 元钱。

滚滚拿到钱后很开心。这时爸爸趁机告诉滚滚，他为滚滚过去在绘画上取得的成绩而骄傲，他觉得就这样浪费了绘画的天赋有点可惜，如果滚滚每天还能坚持画画一个小时，那业余时间滚滚想学什么他们也不会干涉。

滚滚很高兴地接受了爸爸的建议，并再次找回了画画的兴趣。他一边学画画，一边学打鼓，时不时妈妈还能帮他卖出一些“杰作”，他觉得自己过得很快乐。

当“红色”小孩的兴趣发生转移时，父母尽量不要在他面前摆事实，讲道理，因为这样做几乎没有用，还是要多思考孩子的内心，想想他这么做的目的是什么，然后在尽量满足他愿望的同时，重新找回兴趣，这样做比强制他继续坚持效果会好很多。

对于“红色”小孩的教育方法，除了上面四点还有很多，父母要多学习，多实践，多总结，尽量结合孩子的性格去解决问题，这样才能让孩子在快乐中变得越来越优秀。

爱思考又敏感多疑的“蓝色”小孩

“蓝色”小孩是完美的化身，他做事严谨有序，是个最佳执行者。“蓝色”小孩较早熟，他从小就喜欢思考，喜欢分析，喜欢不停地追问，简直就是一个移动的“十万个为什么”。他身上有很多可贵的品质，对朋友肝胆相照，恩德相结，他一诺千金，是个完美的友人。

“蓝色”小孩的优势

1. 思想深邃，成熟稳重，体贴入微

“蓝色”小孩天生喜欢独立思考。他总是不停地追问“为什么”，总是想要弄明白一些原理。因为经常思考，所以他通常很有主见。注重细节的他一般不会用言语表达的方式去关心人，而是会非常体贴地为你做很多事情。

2. 一诺千金，忠诚情谊

“蓝色”小孩非常重视承诺，只要是他们承诺过的事情，即便只是口头上的，他们也会严格遵守。虽然“蓝色”小孩比较内向，不善于交朋友，但是一旦交了朋友，往往就是一辈子。如果你有一个“蓝色”性格的朋友，一定要好好珍惜。

3. 注重细节，追求完美

“蓝色”小孩非常重视细节，对自己要求很严格，一旦制定了规则，他们就会严格遵守。因为“蓝色”小孩追求完美，所以他们也追求精准，一旦决定做什么事，他们都会仔细规划，全面考虑，并且努力做到最好。除此之外，“蓝色”小孩还喜欢将东西都摆放得整整齐齐，不允许杂乱无序，这也跟他们注重细节、追求完美的性格有关。

“蓝色”小孩的劣势

1. 消极悲观，敏感多疑，顾虑重重，有时死板固执

“蓝色”小孩容易产生消极思维，做什么事他们总会往坏处想，一旦遭遇失败就会担心害怕，他们敏感多疑，非常在乎别人对自己的评价。他们做事顾虑重重，所以行动上往往比较迟缓。有时他们还会钻牛角尖，喜欢认死理。他们喜欢抱怨，往往会喋喋不休地数落别人，对别人进行“毁灭性”的打击，如果他们不能改掉这一点，人际关系将会一团糟。

2. 心机深重，很难相处，要求苛刻

虽然“蓝色”小孩渴望被别人理解，但是他们通常不会直接向

别人吐露心声，而是用暗示的方法去表达。当别人没有理解他的意思时，他便会失落。这样的性格让别人以为他心机深重，不好相处。“蓝色”小孩不仅对自己要求苛刻，对别人要求也一样苛刻。如果别人没有达到他的要求，他就会失望、愤怒。他们有时连自己的错误都无法原谅，又怎么会原谅别人呢？

面对这样渴望完美又拧巴的“蓝色”小孩，父母应该怎么教育呢？

1. 要耐心跟“蓝色”小孩讲道理

“蓝色”小孩虽然有时固执，爱钻牛角尖，认死理，但是只要你耐心跟他讲道理，并让他明白，他就会听从你的建议。当然你要尽量做到理由充足，因为“蓝色”小孩可是善于思考的，你说得没道理，不能说服他，那就不能指望他听你的了。

美术课上，老师给每人发了一张纸，让同学们在纸上画一幢自己心目中的漂亮房子。没过多久，“蓝色”小孩依婷就举起手来，老师走过去问她怎么了，她说自己画得不够好，需要一张新纸重新画。

刚画一会儿，依婷又停了下来，然后突然哭了起来。老师忙走过去问她怎么了，反复询问后才知道，依婷觉得自己画得还是不好，还想跟老师要一张纸重新画，但又怕别人说自己太笨，连个房子都画不好，她很生自己的气，于是就哭了。

老师看了看依婷的第一幅画，觉得画得挺好的，就好奇地问她哪里不好，依婷边哭边说自己没有把地平线画好，地平线有点歪。老师安慰她道：“其实地平线歪一点也没事，只要能看出来是地平线就行，一点小问题不影响房子的美观。”

但是追求完美的依婷却固执道：“就是不好，这不是我心目中完美的房子。”

老师又看了看依婷的第二幅画，看起来画得也不错，并且地平线也画得非常直，于是就问她为什么又画不下去了，她难过地说：“我没把窗户画好。”

老师不解，依婷又说：“这个窗户我画得不够方，看起来丑死了。”

老师见劝说没效，只得另外想办法，这时有很多同学陆陆续续将自己的画交了上去，于是老师将依婷领到讲桌前，从里面挑出几张地平线画得更歪，窗户更加不方的画给依婷看，并问她：“你觉得他们画得好吗？”

依婷说：“挺好的。”

老师将这几幅画平放在讲桌上，问道：“你看他们画的地平线直吗？还有窗户方吗？”

依婷摇了摇头，老师说：“跟别的同学比，你画的地平线已经很直了，虽然你画的窗户歪点，但还是一眼就能看出是窗户啊。你从整体看看，这个房子多漂亮啊！”

依婷听了老师的话后咧开嘴笑了，她开心道：“老师，我明白了，原来画得美丑跟某个地方的线条直不直没有太大关系，我画的房子其实也挺好看的。”说完蹦蹦跳跳地跑开了。

这就是“蓝色”小孩，不管什么事，只要他自己想通了，马上就好了。“蓝色”孩子追求完美，注重细节，对自己要求严格，父母要理解孩子这一性格特点。既然孩子已经很细心、认真了，父母就不要太“细心”了，可以适当“粗心”一点，如果父母和孩子都太追求完美，那有可能会失去很多快乐。

“蓝色”小孩比较敏感，他们在意别人的眼光，也在意父母对自己的看法，所以父母尽量不要批评“蓝色”小孩，尤其不要大声愤怒地责备他们，以免他们封闭自己的内心。

“蓝色”小孩的父母要耐心跟孩子沟通，当他们过于关注某一个细节时，要耐心引导孩子从整体入手，从大局入手，让孩子“大气”起来。

2. 帮“蓝色”小孩交朋友

“蓝色”小孩比较内向，不像“红色”小孩那样很快就能跟别的小孩成为朋友。“蓝色”小孩有什么想法不会直接说出来，而是让你去“猜”，父母要及时洞悉孩子的心理，必要时帮孩子一把，让他能够走出自己的小天地，进而迈向更加广阔的空间。

月月跟妈妈在公园里玩沙子，旁边有个小男孩一直在默默看着月月玩。月月好奇地问：“妈妈，他为什么只在那里看而不过来玩呢？”

妈妈解释道：“可能那个小朋友没有带玩沙的工具，他妈妈又怕沙子脏，所以不让他玩吧！”

月月看了看那个男孩，又看了看自己手里的铲子和小桶，沉默了一会儿又问道：“妈妈，他是不是非常想玩沙子啊？”

妈妈点了点头，她知道月月是“蓝色”小孩，很少会主动跟人交往，但是既然月月一直问那个小男孩的事，就说明她想跟那个小男孩玩，只是因为害羞和谨慎不好意思去邀请。于是在月月低头沉思时，妈妈故意说：“如果这时候有人能邀请他一起玩会儿，两人轮流使用小铲子，我想他肯定非常开心。”

月月看了看自己的铲子，低声说：“妈妈，我能邀请他过来玩会儿吗？”

在妈妈的帮助下，月月终于学会了主动跟人交往。

“蓝色”小孩不善于交朋友，在适当的时机，父母应该帮“蓝色”小孩一把，让他们也能主动跟别的小朋友交往。父母要多花些心思，及时理解“蓝色”小孩没有说出的心事，并以正确的方法帮助“蓝色”小孩结交更多的朋友。父母一定要用心做好，“蓝色”小孩结交的朋友越多，长大后就越不容易孤僻，这无意解决了“蓝色”小孩未来的一大难题。

3. 给“蓝色”小孩足够的时间和空间

“蓝色”小孩在做事之前喜欢准备充分，这样导致他们的反应没有“红色”或“黄色”小孩那么快。“蓝色”小孩的父母不要催促孩子，要多给孩子一点时间和空间，让他们做充足的准备。

4. 要严格遵守跟“蓝色”小孩的承诺和约定

有的父母对于承诺过孩子的事情，或者跟孩子约定好的事情，常常会忘记或者“故意”遗忘。如果你家孩子是“蓝色”小孩，千万不要这样做，因为他们会一直记着你说过的话，并严格要求你做到。如果你没做到或者忘记了，他们会喋喋不休地抱怨。

早晨，妈妈跟亮亮说自己晚上六点钟准时到家带他出去吃饭，没想到那天妈妈临时有事需要加班，直到七点钟才到家。推开门一看，亮亮正站在客厅中间等着她。

看到妈妈回来后，亮亮生气地说：“妈妈你怎么说话不算话？说好六点回来，现在都七点了。”

妈妈解释道：“妈妈单位临时有事，加了会儿班，所以就回来晚了。别生气了，儿子，我们快去吃饭吧，现在去也不晚。”

亮亮没有动，他严肃地说：“单位有事，你怎么会不知道？你知道后，为什么不提前跟我说一下？即便开始不知道，后来知道了为什么不能打电话告诉我一声？”

妈妈快被亮亮一连串的提问弄崩溃了，她只得耐心解释道：“妈妈快下班时，又来一个人需要办事，我也不好让人家回去明天再来办，当时光想着快点办事了，就忘记给你打电话了。对不起，以后妈妈会注意的。”

“蓝色”小孩比较认死理，你答应他的事情如果没有做到，他一定要弄清楚背后的原因才会放过你，如果你违反了跟他的约定，他会记很长一段时间。父母答应“蓝色”小孩的事情，要尽量做到。如果有什么变化，记得要提前告诉他，并说明原因，这样他才能很好地接受。

父母可以利用“蓝色”小孩的这个特点，跟孩子提前做好约定，比如跟孩子约定好什么时候做作业，什么时候看电视，什么时候阅读，每个月的零花钱是多少等，这样约定教育效果会更好。“蓝色”小孩的自我约束能力非常强，只要他跟你做了约定或承诺，就会好好遵守。

每一个孩子都有自己的性格，父母要根据孩子的性格特点因材施教，让孩子的长处得到充分发挥。对于孩子性格中的缺点，父母也要注意引导，帮助孩子克服，这样才更有利于孩子的成长。

坚定自信但脾气暴躁的“黄色”小孩

“黄色”小孩是个有力的指挥者，他以目标和结果为向导，坚定地向着既定目标前进，不达目标誓不罢休。他们敢说敢做，坚定而自信，他们会给自己制定一个又一个目标，然后努力去实现，并乐在其中。

“黄色”小孩的优势

1. 以目标为导向，求胜欲望强

“黄色”小孩有强烈的目标感。在前进的路上，如果有人敢质疑他们的能力，他们就会在自己心里种下一颗发狠的种子，直到目标达成。他们有强烈的求胜欲望，总是给自己定下一个又一个目标，在一个又一个胜利中体验生活的乐趣。

2. 斗天斗地，其乐无穷

“黄色”小孩渴望不断地斗争，他们斗天斗地，斗人斗己，在不断斗争中找到自己人生的价值。他们尊重强者，并希望自己也能成为生活的强者。他们希望战胜所有人，求胜欲贯穿于生活始终。

3. 坚定自信，抗压力强

“黄色”小孩对目标非常执着，他们不相信眼泪。前进过程中遇到困难，“红色”小孩会选择跑到别的地方，“绿色”小孩已经停止不前，“蓝色”小孩开始考虑转移目标，而“黄色”小孩却认为这些困难是对他们的考验，他们不但不退缩，反而会更加奋力地往前冲。“黄色”小孩不相信眼泪，他们的理念是，与其改变方向和计划，不如努力想办法克服困难。

“黄色”小孩的劣势

1. 自以为是，死不认错，喜欢批判别人

“黄色”小孩喜欢自以为是，觉得自己无所不知，并且永远是对的，他们从来不会主动承认自己的错误。他们的人生法则有两条：一、我永远是对的；二、如果我错了，请参考第一条。他们还喜欢命令和指使别人，喜欢批判别人，当有人冒犯他们时，他们会毫不留情地坚决还击，这让周围的人有“伴君如伴虎”的感觉。如果“黄色”小孩不控制自己对成就感的偏爱，那么很容易形成只是为了赢而赢的不健康心理，这对未来会很不利。

2. 具有强烈的控制欲，脾气暴躁，喜欢报复别人

“黄色”小孩不但希望能掌控自己的命运，也希望别人听从自

己的安排。“黄色”小孩以自我为中心，脾气暴躁，很少会为别人考虑，他们在奋力前进的时候很少会考虑“泥水”是否溅到了他人身上。“黄色”小孩属于侵略性性格，喜欢报复他人，这主要是由他内心深处无法控制的求胜欲所导致的。

面对天性要强又特有主见的“黄色”小孩，父母在陪伴其成长时要牢记以下几点：

一、父母要坚持自己的原则，并想办法用目标去引导他们

“黄色”小孩目标非常明确，为了实现自己的目标，他们会拼尽全力。如果这点用在学习方面或一些积极的事情上，那是挺好，但如果用在不合理的需求上，那就会让父母头疼不已。这时，父母千万不要因为“黄色”小孩的种种纠缠就轻易妥协，你的妥协会让“黄色”小孩更加以自我为中心，这样，孩子以后就更难以接受别人的意见了。父母要坚持自己的原则，不能答应时坚决不答应。

菲菲是个“黄色”小孩。一天，她看到一个同学的书包很好看，就跟妈妈说自己也想要一个，妈妈没同意，因为之前妈妈跟她说过每一学年只能换一个书包，现在还没到一个学年。

菲菲很生气，跟妈妈又是哭又是闹的，妈妈不为所动，只是坚定地告诉菲菲，人要遵守诺言，不管怎样她都不会同意给菲菲换书包。

菲菲看到这招不管用，就开始跟妈妈讲条件，问妈妈自己下次考试如果能考进年级前十，是不是就能给她买那个书包了？妈妈有些心动，但细细一想，如果就这样妥协，孩子可能会更加自我，并且还会养成不遵守诺言的坏习惯，这样做对孩子的成长反而不利，于是妈妈决定正面引导菲菲，她告诉菲菲，考试成绩好坏跟买不买书包没有任何关系，如果她真的想要那个书包，就耐心等到下一学年，或者自己攒钱买。

听到自己攒钱买，菲菲忙问妈妈怎么攒？妈妈告诉她可以帮忙做家务，妈妈会付给她一些“劳动报酬”，她可以将这些钱攒起来去买书包，妈妈不会干涉她，菲菲采纳了妈妈的这个建议。后来经过一番辛苦的付出，菲菲终于得到了梦想的书包，而妈妈则收获了一个勤劳的女儿。

对于“黄色”小孩的无理需求，父母不要过于严厉地去批评，因为你越用强，他就越叛逆，你只要跟他说明理由，然后坚持自己的原则，让他们清楚自己的处境，之后他们会自己分析，并做出合

理调整。

“黄色”小孩独立好强，为了达到自己的目的誓不罢休，对于这样的孩子，父母最好不要去强压，而是根据“黄色”小孩的这一特点加以引导，就像上面例子中菲菲的妈妈，通过做家务引导孩子自己攒钱去买想要的东西，这样既能帮助孩子养成好的习惯，也不会伤害孩子的感情。

二、将主动权交给孩子

父母之所以教育引导孩子，是为了让孩子能做出正确的选择，而不是让孩子臣服于自己的“权威”。

“黄色”小孩很有主见，经常会不听父母的话，这一点让很多父母头疼不已。细细想下，难道听话的孩子就一定是好孩子，不听话的孩子就不是好孩子吗？孩子从小就能独立，就有自己的判断和见解，这不很好吗？对于“黄色”小孩，父母应该将主动权交给孩子，让他们自己选择，这样孩子也更容易接受。

乐乐是个“黄色”小孩，被老师“任命”为纪律委员。每次上课只要有同学不遵守纪律，他就会跟老师报告，这让很多同学都不喜欢他，后来便没人愿意再跟他说话了。

妈妈从别的家长那里得知这一情况后，就跟乐乐说：“儿子，你以后能不能别再打同学的报告了，这样次数多了会让同学不再喜欢你的。”

乐乐干脆地回答道：“不喜欢就不喜欢呗，我又不稀罕他们。”

妈妈又问道：“儿子，他们是你的同学，你这样做是不是太过分了呢？”

乐乐说：“妈妈，他们虽然是我同学，但是他们做错了啊，因为他们做错了我才报告老师的，这怎么就过分了呢？”

妈妈觉得儿子说得也对，于是说道：“儿子，看到你们同学被老师批评得那么惨，那么可怜，你以后能不能不要那么严格，能不能放宽一点，少打几次报告呢？”

乐乐“正气凛然”地说：“妈妈，既然他们做了错事，就应该承担相应的责任，想要不被老师批评就别再犯错，我不能纵容他们。”

妈妈知道乐乐说得挺对，但这样下去肯定会影响同学间的关系，对孩子以后也不好，自己应该怎么办呢？后来妈妈听从了心理专家的建议，将问题抛给孩子，让孩子自己去思考和选择。

心理专家说“黄色”小孩擅长解决问题，只要给出一个正确的方向，然后让孩子自己选择用什么方式去解决，这样他就会交付一份自己的答卷，并且因为是自己做的决定，所以他也会很好地去执行。

妈妈听从专家的建议后，问乐乐：“儿子，你将来想做什么呢？”

乐乐想了想，回答道：“我想当一名大企业家。”

妈妈趁机引导道：“你想当大企业家，肯定需要很多人帮你吧？那些人为什么要帮你呢？”

乐乐说道：“我要变成一个有趣的人，这样他们就会喜欢我，并愿意帮我了。”

妈妈又问："那么你应该怎么做才能成为一个有趣的人呢？"

乐乐回答道："我要像爸爸那样，很多人都愿意帮助爸爸，愿意听爸爸的话，我也要做那样的人。"

妈妈又问："那你看爸爸总是在指正别人的错误吗？"

乐乐仔细想了想，回答道："没有，就是我做了错事爸爸也从不批评，而是鼓励我去改正，有时爸爸还会表扬我。妈妈，我知道了，以后同学们再犯错我会私底下告诉他们，并鼓励他们改正，我会像爸爸学习，做一个有趣的人，这样以后我才能当上大企业家。"

三、父母要提升孩子的感受力

"黄色"小孩天生就具有战斗基因，他们遇强则强，从来不会示弱，这也导致"黄色"小孩很少去考虑别人的感受，他们的感受力是很弱的，久而久之，"黄色"小孩跟别人相处时便会产生距离。针对这一问题，父母可以有意识地锻炼孩子的感受力，让孩子多些"人情味"。

比如有一个"黄色"小孩，他在学校没有朋友，总是独来独往，为了改变这一状况，妈妈经常给孩子书包里放些漂亮好吃的糖果，然后让孩子将糖果平均分给班上的同学，并强调一定要平均。"黄色"小孩很开心地接受了妈妈的任务，慢慢班上的同学看到这个孩子后会主动跟她说话，她也慢慢开始跟同学们交往互动起来，上学和放学都会开心地跟同学打招呼，并且朋友也越来越多了。

还有一个"黄色"小孩，不喜欢别人接触他，就连自己的爸爸妈妈他都不愿意。为了改变孩子的这一状态，妈妈让他养了一条小狗，每天由他负责照顾，以此来提升孩子的感受力。孩子跟小狗一起玩的时候，有时会抱作一团，这时妈妈会趁机摸摸孩子的头，时间长了孩子也就习惯了，慢慢地孩子也接受与别人肢体上的触碰了，跟亲人朋友间的关系也更好了。

不要去批判“黄色”小孩，最好的办法就是引导他去尝试，如果尝试效果好，不用你说他也会自己主动去改变。

对于“黄色”小孩，父母一定不要因为他的主见而生气，对他的主见要多些耐心和理解，这样以后他会成长得更好。你也希望自己的孩子长大以后能从容面对生活中的风风雨雨，能有所建树，那么孩子现在有主见不是很好吗？你只要把控好方向，确保方向的正确性即可。又何必因为他没有听从你的安排而生气呢？

乖巧内向但不自信的“绿色”小孩

“绿色”小孩是和平的促进者，他们喜欢和谐与稳定。“绿色”小孩很听话，比较内向，很少跟人争吵，喜欢听从别人的意见。他们友善随和，还非常有耐心，他们基本没有锋芒和棱角，很容易相处，是个很好的倾听者。

“绿色”小孩的优势

1. 中庸之道，稳定低调，不喜欢跟人竞争

“绿色”小孩喜欢和谐，当与别人发生矛盾时，他们通常会点到为止，不像“黄色”小孩那样报复心强，他们通常都是得饶人处且饶人，比较追求中庸之道。“绿色”小孩非常善良温顺，对所有人都温柔以待，他们能接纳很多人，跟其他颜色性格的人都能很好

地相处。他们所求不多，而且对别人不吝付出，这让他们充满了魅力，为此他们也收获了很多忠诚的友谊。

2. 内向羞涩，不爱表现

“绿色”小孩比较内向，不愿在别人面前表现自己，遇到困难也不愿向别人求助，他们愿意安安静静地待在一个没人注意的角落。

3. 先人后己，欲取先予，富有同理心

“绿色”小孩与人为善，天生具有同理心，处处都为别人考虑，为了不破坏人际关系，为了不伤害别人，他们通常会将选择权交给他人，换得一团和气。为了维护这一气氛，有时他们宁愿选择自己吃亏。

“绿色”小孩的劣势

1. 胆小怕事，不敢说“不”，不愿改变

“绿色”小孩不喜欢竞争，也不懂得怎么跟人竞争，受了欺负也不懂得如何保护自己，更不敢对别人说“不”。“绿色”孩子是被动的，他们不喜欢主动出击，因而也失去了很多机会。“绿色”小孩对熟悉安定的环境有依赖性，不愿去改变，做什么事都懒洋洋的，他们原谅自己的不思进取。父母要注意避免“绿色”小孩患上精神麻痹症，那样孩子就更难有所作为了。

2. 没有主见，不自信，什么都无所谓

“绿色”小孩天生胆小自卑，对自己没有信心，认为自己没有能力做好事情。他们没有主见，当别人征求他的意见时，他们会说“都可以”“无所谓”，主动将选择权交给别人，从而丧失了很多机会。

对于这样一个随和又听话，从小就“懂事”得让人心疼的“绿色”孩子，父母该怎样引导呢？

1. 帮助孩子制定并分解目标

“绿色”小孩随遇而安，很容易产生满足感，没有上进心。他们对自己没有足够的信心，遇到困难容易妥协。父母要多鼓励孩子，遇到困难时要及时帮助孩子分解目标，让孩子由易到难循序渐进，在此基础上一步步完成目标。

晨晨是个“绿色”小孩，小小年纪对什么都没太大兴趣，学习也没有上进心。小学一年级考试才考了70分，妈妈开玩笑地问：“你这是全班倒数第一吗？”

晨晨怯怯地回答道：“妈妈，不是的，我是倒数第二，还有一个同学考了 35 分。”

妈妈诧异道：“真的还有比你考得更少的啊？”

晨晨笑着点了点头，补充道：“妈妈，他的智力好像有点问题。”

妈妈当场气笑了，为了提高晨晨的成绩，妈妈请教了心理学专家，专家告诉妈妈，因为晨晨是个“绿色”小孩，不能操之过急，要多鼓励，并指导妈妈做了详细的计划。

妈妈听了专家的建议，买来一些适合晨晨的练习册，从简单题开始，让晨晨开始练习。因为简单，晨晨做得很开心，也做得很快，在晨晨完成练习的过程中，对于每一个微小的进步，妈妈都会及时给予鼓励。

简单题做完后，妈妈又让晨晨做难度大一点的练习。因为妈妈的表扬和之前的那些成功经验，这次晨晨自信了一些，虽然速度比上次慢了一点，但还是做完了。做完这个练习后，妈妈对晨晨进行了大大的表扬，并带晨晨去游乐场玩了一天，妈妈承诺，如果晨晨能完成第三本练习册，妈妈将满足她一个愿望。

第三本练习册虽然更难一些，但因为有了前两本的基础，晨晨已经进步很多，并且也比原来自信很多。在爸爸妈妈的鼓励下，晨晨开始认真做起来。中间遇到困难时，妈妈会管住自己的脾气，控制不住时，妈妈就先干点别的，为了孩子的未来，妈妈也是拼了，做到了不对晨晨发火，耐心给晨晨讲解。最终晨晨很好地完成了第三册的练习，正好又赶上了学校测试，在这次测试中，晨晨考了 98 分。

“绿色”小孩容易低估自己的能力，将困难放大，家长想要提高孩子的学习成绩，可以多鼓励孩子，给他们力量和勇气，带孩子将大目标分解成一个个容易实现的小目标，循序渐进，让孩子由易到难，克服困难，从而慢慢建立信心。

2. 教孩子方法，而不是直接告诉孩子答案

“绿色”小孩没有主见，喜欢依赖别人，父母应该适当引导，不能让孩子养成遇到困难就找爸妈的习惯。当孩子遇到困难时，父母不要直接帮孩子去解决问题，以免助长孩子的惰性，让孩子变得越来越没主见。

如果“绿色”小孩有什么东西不会，父母一定要带领孩子一起去探索，而不是图省事直接将答案告诉“绿色”小孩，那样孩子还是掌握不了方法，以后还是不会。不会的东西累积多了，孩子就会彻底失去兴趣和信心。为了孩子的未来，父母一定要多些耐心，教会孩子做事的方法，这样才会从根本上解决问题。

3. 主动发现孩子的问题，不要给孩子太大压力

当“绿色”小孩面临重大问题时，因为性格原因他不会主动去说，这时需要家人主动去发现孩子的问题，并慢慢引导孩子说出来。当父母得知事情的原委后，一定要记得保持镇定，千万不要表现得特别着急，不要将自己的焦虑传递给孩子，否则“绿色”孩子会想：如果我不告诉爸妈就好了，这样他们就不会这样紧张了。

“绿色”小孩就是这样，当他觉得压力过大时，就会用沉默去对抗，静等问题自己解决。如果父母不知道这点，直接给“绿色”

孩子太大压力，那么他有可能会瞬间“倒”在原地。

晨晨放学回来后，像往常一样跟妈妈打了声招呼就去写作业了。妈妈做完饭去喊晨晨吃饭时，突然发现晨晨有一缕头发发根处有点不对劲，走近拨开一看，里面有血，还有一个小伤口，于是忙问晨晨怎么回事。

晨晨说自己上体育课时，动作有点慢，被后面的同学推了一下，没想到正好撞在铁把手上，于是就碰破了一点头皮，晨晨跟妈妈说自己没事，一点都不疼，同学也不是故意的，所以自己就没告诉老师，以免同学被老师责骂。

看晨晨这样了还为别人着想，妈妈很心疼，也很生气，觉得晨晨不会保护自己，担心孩子以后还会被同学欺负，于是就气呼呼地给老师打电话，跟老师说了这件事。

老师知道后，对那个同学进行了严厉的批评。那个同学说晨晨是一个“小人”，再说他也不是故意的，不就是碰破点头皮吗？并且他当时就道歉了，有必要事后还向老师告状吗？他再也不理晨晨了，并且还让别人也不要再跟晨晨玩。

面对这样的困境，晨晨很无助，也不敢告诉妈妈，怕妈妈又跟老师说，到时不知道又会引来什么麻烦。怎么办呢？最后晨晨决定装病不去上学。

妈妈发现晨晨装病后，开始很生气，不过想想自己小时候也因为不爱上学装病过，就跟晨晨讲了自己的糗事。

后来在妈妈的引导下，晨晨才将自己不去上学的原因说了出来，并一再要求妈妈千万不要再将这件事告诉老师了，他真的不想跟同学再起冲突了。

妈妈听了晨晨的话后才知道是自己的行为给孩子带来了麻烦，于是答应晨晨自己不会再向老师告状，并告诉晨晨自己想帮他跟同学和解。得到晨晨的同意后，妈妈联合老师化解了晨晨跟同学的关系。

解决完这些事后，妈妈告诉晨晨以后不管遇到什么事情，都要第一时间告诉她，她一定会控制好自己的脾气，做晨晨的“军师”，为晨晨出谋划策。

没有了后顾之忧，又有了妈妈这个大靠山，晨晨又开开心心地上学去了。

有的父母觉得自己家的“绿色”小孩太过懦弱，还没上进心，于是就认为他以后可能会一事无成，其实这是不对的。对于“绿色”小孩，父母要特别注意将做事的方法教给孩子，而不是直接告诉孩子答案或结论，要教会孩子怎么去判断，怎么去选择，怎么去做决定，多鼓励孩子。当“绿色”小孩开始承担起生活中各方面的责任时，你会发现他其实是一个很好的领导者。

第二章

性格的培养1：
这些优秀品质将影响孩子一生

在相对安全的环境下，让孩子勇敢去尝试

什么是勇敢？勇敢的孩子不是什么都不怕，而是明明很害怕，却愿意接受害怕的情绪，愿意去坚持。

早晨一起床，滚滚就发现外面下雪了，于是赶紧跑下楼找小伙伴一起堆雪人，堆完雪人，滚滚和小伙伴又跑到小区里的公园玩。公园里有个人工湖，这时湖面已经全部结冰，不知道谁提议去溜冰，于是有人马上响应，也有人反对。

小伙伴 A 说：“刚下完雪，现在冰面还薄，去滑冰太危险了。”

小伙伴 B 说：“你看湖面已经全结冰了，还挺厚的，有什么危险？胆小鬼！”

小伙伴C说：“我妈妈说，有的冰看起来挺厚，其实一点都不结实，人站上去就会碎裂。”

“瞧这小胆，还天天把妈妈挂嘴边。”小伙伴D撇撇嘴嘲笑着说。

滚滚说：“你们看这冰面还没人滑过，万一不结实掉下去怎么办？”

小伙伴B嗤笑道：“胆小的人废话就是多，我去试试。”说完就走向冰面，滚滚他们几个“胆小鬼”想拦都来不及，招呼B回来，B也不回来，还一直往湖中心走。

滚滚喊道：“湖心冰薄，快点回来啊！”

B一边嘲笑滚滚他们胆小，一边继续往前走，忽然冰面裂开一条缝，吓得B不敢再动，后来滚滚他们叫来大人才将B解救出来。

这个故事中的C和滚滚都是勇敢的孩子，虽然知道说出来的话会被小伙伴嗤笑“胆小鬼”，但是为了大家的安全，他们还是说了，所以他们是真正勇敢的孩子。而B虽然是第一个敢下湖滑冰的孩子，却不是一个勇敢的孩子，充其量只是一个“傻大胆”。

有的父母错把孩子的“傻大胆”当作勇敢，并引以为豪。他们觉得自己家孩子什么都不怕，什么都敢干是很了不起的。别的小朋友不敢做的事，自己家孩子敢做，别的小朋友不敢去的地方，自己家孩子敢去，这样的孩子多勇敢啊。岂不知任由孩子继续发展下去，孩子就会变得“无所畏惧”，不惧怕任何后果，最后变得“无法无天”。

勇敢的孩子大多是理智的，会理性分析问题，做事会考虑后果，而“傻大胆”则会很鲁莽，并且很容易将自己和他人置于危险境地。

在实际生活中，父母发现孩子对一些新事物会莫名地害怕，于是就想当然地认为孩子不够勇敢。其实，几乎每个孩子在准备做新尝试前都或多或少会感到害怕，只要他能克服自己的害怕情绪，继续去尝试，那就说明他很勇敢。

父母一定要对勇敢有正确的认识。在孩子探索新事物，做出新尝试时，父母要给予必要的鼓励，帮助他们克服害怕的情绪，逐步培养孩子勇敢的品质。

1. 当孩子表现出害怕的情绪时，父母要理解孩子的感受。

当孩子对新事物表现出害怕情绪时，有些父母会说：“别怕，它又不会咬你。”有的父母则强行将孩子拉到新事物面前，让孩子去摸，去感受。其实，这两种做法不但不能缓解孩子的恐惧情绪，而且还可能会给孩子留下心理阴影。

这时父母可以告诉孩子自己理解他心中的恐惧，可以进一步询问了解孩子产生恐惧心理的原因，并正确引导，这样才能从根本上缓解孩子的紧张和害怕情绪。

2. 当孩子面对新事物表现恐惧时，父母可以给孩子提供一些有指导意义的信息。

面对新事物，孩子有时是因为自己的错误理解，或不知道某些关键信息才害怕的，这时父母可以耐心给孩子解释，并提供一些有指导意义的信息，以此打消孩子的顾虑，从而帮助孩子战胜恐惧，变得勇敢。

3. 面对新事物，父母可以引导孩子先熟悉一下。

当孩子身处一个新环境，会因为陌生而感觉害怕，这时父母可以先带孩子熟悉一下周边事物。比如孩子换了一所新学校，父母可以提前带孩子去新校园走一走，让他们熟悉线路，知道走哪条路可以走到教室等，这样就会减轻孩子对新学校的畏惧感。

4. 父母要把自己的信心传递给孩子。

研究发现，孩子第一次看到小狗时，首先会抬头看自己的父母，希望从父母表情上判断出小狗是否危险。这时，如果父母看起来很放松，那么孩子就会认为小狗不是那么危险，就会愿意接近小狗。研究还发现，当父母对孩子做事表现出一定的信心时，孩子不仅能感受到父母传递出的信心，还会表现得更勇敢。

通过这些方法，父母可以一定程度上帮助孩子克服恐惧心理，进而让孩子能够更加从容地面对新事物或新环境。不过，培养孩子勇敢的品质不是一蹴而就的，是一个漫长的过程，父母还需要注意以下几点：

一、让孩子自己去尝试

那些什么事都被家长安排好的孩子往往缺乏自主性，这样的孩子很难真正勇敢。如果一个孩子长期被家长安排，什么事情都掌控在家长手里，孩子没有一点自由，那么他就会产生压力，慢慢孩子不是变得逆反就是变得怯懦，做什么事都瞻前顾后，不敢自己决定，这样是不利于孩子成长的。

作为家长，应该给孩子一个相对自由的成长环境，让孩子拥有一个轻松的内心世界，这是孩子勇敢的基础。

二、鼓励孩子大胆表达自己

当父母从孩子的言行举止中看出孩子不够勇敢时，不要责骂孩子，也不要勉强孩子，而要正确引导，让孩子从小养成勇敢表达自己的习惯。

著名女作家梁凤仪小时候非常胆怯，父亲发现这个问题后，没有责备她，而是开始想办法帮她改正。一次父亲带她去逛商场，小凤仪被柜台中一个漂亮的洋娃娃吸引了，但是她不敢跟父亲说，只是在父亲快要离开的时候拉住父亲的衣襟，请求再玩一会。

父亲知道小凤仪想要那个洋娃娃，但是并没有主动问她，也没有主动买给她，而是假装什么也没看见，等着她主动说出自己的想法。小凤仪在柜台前磨蹭了很久，想要说出自己的想法，又怕父亲拒绝，一直犹犹豫豫，最后她终于鼓起勇气，小声跟父亲说她想买一件东西。

父亲鼓励她，想要什么不要吞吞吐吐，要大声说出来。于是小凤仪终于说出了自己想要那个洋娃娃，父亲给她买了。自这件事之后，无论小凤仪有什么想法都会直接说出来。后来梁凤仪经常说，人不仅需要用勇敢的精神去克服各种困难，而且在事业中也需要靠勇敢的精神去争取成功。她说勇敢是父亲给她最好的礼物。

三、不要恐吓、嘲笑或斥责孩子

经常听到有的父母这样吓唬孩子，“不听话就让警察把你抓走！”“再哭就把你扔出去喂狼！”虽然这种恐吓可能会让孩子安静下来，但同时也增加了孩子内心的胆怯，给孩子留下了心理阴影。

在孩子经历挫折或失败时，父母要鼓励孩子，而不是嘲笑或斥责，否则会让孩子更加怯懦。比如孩子考试没考好时，如果父母只知道一味地斥责或埋怨，孩子就会惧怕考试，惧怕竞争。父母应该帮助孩子分析没有考好的真正原因，然后帮助孩子有针对性地训练，争取孩子下次能够考好。

四、鼓励孩子勇于探索

孩子都有一颗好奇的心，并且喜欢自己去尝试，这时父母尽量不要阻止，正好可以利用好奇心锻炼孩子的勇气。

1981 年诺贝尔奖获得者大卫·休伯尔从小就喜欢做化学实验，父母并没有因为做实验危险就阻止他去探索。后来他在实验一颗“炸弹”时被爆炸力击倒在地，对此，他的父母并没有责骂他，更没有阻止他再去做实验，而是告诉他做实验可以，但是要科学，要严谨，不能有半点侥幸心理。吸取教训后，休伯尔以严谨的科学态度更大胆地投入研究中，最终取得了重大成就。

在日常生活中，父母应该像大卫·休伯尔的父母一样去支持孩子的探索活动。不要因为担心孩子把衣服弄脏，或把东西弄得太乱，或担心孩子遇到什么危险而阻止孩子去探索，这样会让孩子变得怯懦而不敢去尝试。

五、鼓励孩子多参加体育锻炼

虽然孩子对周围的世界充满了好奇，但是面对陌生的世界他们也怯懦，这时父母可以通过鼓励孩子多参加一些体育锻炼来帮助孩子克服恐惧和胆怯。父母可以带孩子一起去爬山，教孩子学习游泳等活动来锻炼孩子，还可以让孩子参加攀岩、骑马等竞技练习，以此来提升孩子的勇气和耐力。

父母在培养孩子勇敢品质时，首先一定要让孩子明白真正的勇敢不是无所畏惧，而是要有敬畏之心，真正的勇敢是敢于表达自己，是拥有独立思考的能力，是勇于担当。同时，父母也要明白，自己的爱与陪伴、鼓励、信任、耐心是孩子勇敢的基石。跟孩子一起加油吧！

利用好持续的动机，让孩子学会坚持

今天孩子想学画画，你给报了美术班，还没学两天，他又爱上了舞蹈，舞鞋还没买来，他又迷恋上了小提琴，哭着喊着非要去学，如果不让他去学，他还控诉你扼杀了一位“天才小提琴家”。

虽然现在提倡素质教育，但是看到孩子兴趣变换得这么快，你开始担心再这样下去孩子可能会一事无成，于是开始了各种威逼利诱，想要孩子坚持下去，有时甚至会采取一些极端措施，殊不知这样做的结果却是孩子产生逆反、畏惧，甚至仇恨心理，最终生生把亲人变成了“不共戴天”的仇人。就这样，不但孩子什么也没学成，而且亲子关系也降到了冰点。

为什么孩子总是“三分钟热度”？为什么他们总是不能长久坚

持去做好一件事呢？其实，我们不能单纯去怪孩子，“三分钟热度”跟孩子所处成长阶段的心理有关。心理学家研究发现，2 ~ 6 岁孩子的大脑对信息的接受是非常开放的，外界的一些刺激会让孩子觉得非常有趣。在好奇心的驱使下，孩子很快对新事物产生了热情，对这些有趣的、好玩的东西，他们都想去尝试。当孩子尝试过后，最初的热情就会被释放，于是孩子的兴趣也随之降低，这时如果又有新的刺激，孩子就会放弃原来感兴趣的东西，转身投入到新的事物中去。这就是孩子不能坚持、没有恒心的心理原因。

虽然孩子的心性如此，但是家长不能听之任之，否则孩子长大后就会养成做事没恒心、没毅力的坏习惯。家长应该怎样培养孩子的恒心，让孩子能长时间坚持去做一件事呢？

心理学家爱德华·德西和理查德·瑞安提出了“自我决定论”，他们认为，如果想让人长时间坚持去做一件事，就让人持续有做这件事情的动机，想要持续保持这份动机，需要同时满足人的自主感、胜任感以及需要感三大心理诉求才行。

从这个理论我们可以知道，想要让孩子积极主动地坚持去做一件事情，除了最初的兴趣外，还需要满足孩子的自主感、胜任感以及需要感，只有这样才能让孩子愉快地坚持下去。

自主感：尊重孩子的自主意识

都说兴趣是最好的老师，当孩子想要做某件事情时，家长应该尊重孩子的意愿，尽可能地让孩子去尝试，在做事过程中，家长要引导孩子养成有始有终的好习惯。为了让孩子坚持把一件事情做完，父母要尽可能增加事情的趣味性、生动性，对于枯燥的事情孩子很难坚持下去。如果是枯燥的事情，家长应尽量选择灵活多变的方式，可以在中间穿插游戏、比赛、奖励、故事等形式，以吸引孩子的注意力，让孩子能坚持到底。

滚滚想要雷电忍者杰的暴风战机，妈妈趁机引导滚滚自己攒钱去买。那天下午，妈妈找来一个巧克力罐子，跟滚滚一起动手将它改装成一个存钱罐，滚滚在盒子上写下“滚滚的梦想存储罐——暴风战机”。

“梦想存储罐”做好后，妈妈建议滚滚自己做个“攒钱”计划。滚滚说那个玩具需要199元，自己每个月零花钱100元，如果一分钱不花，攒两个月就够了。妈妈觉得一分钱不花有点难度，建议滚滚再慎重考虑一下，最后，滚滚决定第一个月攒100元，第二个月攒50元，第三个月攒49元。

晚上吃完饭后，爸爸妈妈专门为滚滚的“梦想存储罐”举行了盛大的开启仪式。在仪式上，爸爸赞助了20元钱，他鼓励道：“儿子，做事要有始有终，中间遇到什么困难，一定要想办法克服，不能半途而废！”妈妈也赞助了20元，并提前发放了滚滚下个月的零花钱。滚滚没想到爸爸妈妈这么重视自己的梦想，表示自己一定努力坚持下去。

妈妈知道滚滚将零花钱都放进“梦想存储罐”，没钱再买零食了，于是经常买一些滚滚平时爱吃的零食放在家里。爸爸从网上找来一些暴风战机的新玩法，时不时跟滚滚讨论一下，增加滚滚对暴风战机的渴望，帮助他克服没有零花钱的不适。

在滚滚坚持了快二十天，感觉快要坚持不下去时，妈妈提醒滚滚“梦想存储罐”现在已经有140元了，只要再存进去59元就够了，鼓励他再坚持一下就能靠自己的努力买到喜欢的东西了。妈妈说：“儿子，你看别的孩子都是靠他人才能买到喜欢的玩具，而你则是靠自己的努力获得的，这多酷啊！”

在暴风战机的诱惑下和爸爸妈妈的鼓励下，滚滚终于坚持到了最后，当他将钱攒够后，他激动地拉着爸爸妈妈的手说：“太好了……够了，我们去买吧！”那天一家人开开心心地玩暴风战机，直到晚上吃饭时，滚滚还很兴奋。他宣布，准备通过自己的努力再实现一个梦想。

滚滚妈妈利用滚滚想要买暴风战机的机会，引导孩子学会为梦想而持续存钱。对孩子来说，长时间没有零花钱是很难忍受的，爸爸妈妈为了帮助滚滚顺利渡过难关也是煞费苦心，他们不仅精心准备了梦想开启仪式，还进行了赞助，让滚滚将这件事情重视起来。期间爸爸妈妈还给滚滚各种引导和帮助，让滚滚能够坚持下来。通过一次次的坚持，让滚滚体会到了坚持的乐趣，这样以后再做其他事，滚滚也会有恒心和毅力去做好，因为他已经有成功的经验了。

胜任感：让孩子觉得自己很棒

一个平时只考 70 多分的孩子，有一次考了 90 分，他会非常开心。相对来说，一个平时都考 90 多分的孩子，这次又考了 90 分，他的开心程度则不会那么明显。

之所以会这样，主要是因为人们感觉好不好，并不在于实际取得的成就，而在于他们期望达到的成就。当孩子取得的成就高于预期时，大脑就会释放多巴胺，这时孩子就会感觉良好，孩子就愿意继续坚持；当孩子取得的成就低于预期时，大脑便不会释放多巴胺，孩子的自我感觉就不好，于是当初想做的事也就不愿意再坚持下去了。

家长可以利用这一心理学原理来培养孩子的恒心。让孩子觉得自己很棒可以从两方面着手：一方面是让孩子从内心觉得自己很棒，很厉害；另一方面是让孩子从外部获得称赞和认可。

比如，父母可以向孩子请教一些东西，这样孩子会觉得，连爸爸妈妈不知道的东西自己都知道，自己真厉害。比如，孩子学美术的热情已经过去，对枯燥的练习已经没兴趣的时候，父母可以让孩子教自己，让孩子从父母身上找到优越感，从而重新获得“胜任感”。除此之外，父母还可以对孩子进行表扬和鼓励，让孩子自我感觉良好。

为了增强孩子的自我认同感，让孩子从内心觉得自己很厉害，在制定具体的学习目标和计划时要尽量具体可行，并且要循序渐进。

所谓具体就是目标要清晰明了，达到的要求也要一清二楚。所谓的可行性，是指目标要符合孩子现阶段的能力，确定孩子经过一番努力可以实现。给孩子的目标不能太低，也不能太高，太低不利于孩子的进步，太高则难以达到，容易让孩子放弃。对于具体的计划和目标，最好孩子能在短期内实现，这样可以不断激励孩子有兴趣向下一个目标前进。如果目标比较庞大，父母应该将其分解成若干个近期小目标，这样引导孩子逐步成长。

需要感：让孩子觉得自己被需要

当我们所做的事没人喜欢、没人关心时，我们就会自我怀疑；当我们觉得自己所做的事情没有人需要时，我们就会失去兴趣，不愿再坚持。

如果孩子将画好的画拿给你看，你因要玩手机只是敷衍一下，这会让孩子觉得很沮丧，次数多了孩子就会觉得你根本不关心他画得怎么样，慢慢就不愿再画画了。

孩子渴望得到父母的关注，希望从父母的目光中得到肯定。当你不再关注孩子时，孩子可能为了继续吸引你的目光重新选择一个爱好。家长们，当孩子告诉你他不想再学某样东西时，你们是否应该反省一下自己的所作所为呢？是不是很久没有赞美孩子了？是不是很久没有关注孩子了？

想要让自己家孩子变成一个有恒心的孩子，除了要满足孩子的自主感、胜任感以及需要感外，父母还要注意自己的言行，看看自己是不是一个有恒心的人。如果自己做事都是“三天打鱼，两天晒网”，都不能坚持，那还有什么理由去要求孩子呢？要知道家人言传身教的力量是巨大的。

很多时候，孩子身上的问题都是家长身上问题的再现，所以在教育孩子时，家长也要反思一下自己。如果时机合适，家长可以和孩子一起制定计划，一起培养恒心，毕竟任何时候想在某一领域取得一些成绩，没有恒心都是不行的。

家长无心的“打扰”和“帮助”破坏了孩子的专注力

专注力也叫注意力，是指一个人专心于某一事物、某一项活动时的心理状态。

专注力是取得非凡成就的基础。从古至今那些取得非凡成就的人无不具有极强的专注力，比如：鲁迅曾因为看书太过专注，居然把桌子上的墨水盒当作食物往嘴里放；牛顿因为沉迷于实验，把手表当作鸡蛋放进锅里；陈景润因全神贯注思考数学问题，撞到了大树，以为撞到了别人，还连忙道歉。专注力就像一扇窗户，通过这扇窗户，知识的阳光照进生命，并引领人们取得一个又一个成就。

英国帝国理工学院研究发现，94% 的孩子在智力水平上相差无儿，孩子的成绩之所以千差万别，主要是因为专注程度有所差别。虽然专注力不像学习成绩那样能很快分出高低，但它却能给孩子的未来打下基础。

我们都知道专注力的重要性，都想拥有较强的专注力，但是我们还是摆脱不了分心和走神的困扰。有研究机构对中国、印尼、泰国的3000多名15～22岁的青少年进行了随机调查，发现只有29%的青少年能充分集中注意力，71%的青少年都不能很好地集中注意力。为什么孩子的注意力这么难集中？

研究发现，在一项活动中，1～3岁孩子能有效集中注意力的时间只有1～5分钟；4岁孩子集中注意力的时间大概为10分钟；5～6岁孩子集中时间大概为15分钟；7～8岁孩子集中时间大概为20分钟；9～10岁孩子集中时间大概为25分钟；11～12岁孩子的注意力基本能达到成人水平——30分钟左右。

即使这样短暂，孩子也很难保持他们的注意力。经常听到妈妈们抱怨自己家孩子在写作业时，一会儿要喝水，一会儿要小便，一会儿看看窗外，一会儿调调身边的台灯，一会儿打开文具盒看看，一会儿翻翻书包里的书，一会儿摸摸脸，一会儿挠挠头，本来半个小时就能写完的作业，结果写了一个小时还没写完。

是什么让孩子不断分心、走神，让他们无法集中注意力？从某种程度上讲，这和父母有关。

孩子刚学会走路的时候，妈妈兴奋得举着手机拍个不停，一边拍一边还说："宝贝，看这边看这边，笑一下。"奶奶一边在后面跟着，一边提醒道："宝贝，慢一点，别摔了。"爸爸和爷爷在旁边一边鼓掌，一边夸赞道："宝贝真棒，自己都会走了。"

孩子想拿放在高处的玩具却够不着，想吃零食却打不开，爸爸妈妈赶紧挺身而出，主动帮孩子将问题解决。

孩子正在专心看绘本，这时吃饭时间到了，妈妈会说："我们先吃饭吧，吃完饭再看。"

孩子用积木盖房子，一会摆摆这边，一会摆摆那边，好像不知要怎么摆了，这时妈妈在一旁提醒道："宝贝，摆在上面，再把房子盖高一点，然后放上红色那块会更漂亮。"

动物园里，孩子正在仔细观察小猴子，这时妈妈催促道："儿子，快走，前面还有更可爱的大熊猫，还有好多动物，晚了就看不完了。"

孩子正在学习，奶奶一会儿端些水果过去，一会儿端杯牛奶过去，看到孩子写字姿势不对，赶紧纠正，发现孩子做错了一道题，赶紧让孩子改正，总是按捺不住地敦促孩子不要这么做，必须这样做，不断地打断孩子，让孩子无法专心学习。

我们先吃饭吧，吃完饭再看……

宝贝，把房子盖高一点……

儿子，快走，晚了就看不完了……

家长无心的“打扰”让孩子不能很好地集中注意力；家长好心的“帮助”让孩子失去了独立解决问题的机会，也失去了创造“奇迹”的可能；家长的“提醒”打断了孩子的专注力和好奇心。

家长正以“爱”的名义，一边恣意破坏孩子的专注力，一边无辜地抱怨孩子没有专注力。家长朋友们，你们可知过多的关注和陪伴，会让孩子失去独处的时间，而孩子需要在独处中发现自我，认识自我，并学会面对自我，在此基础上一步步提升专注力。你们过多的“爱”已经打扰孩子的成长了。

如何做才能有效帮助孩子培养注意力和专注力呢？

1. 学习定时定量

父母可以跟孩子一起制定学习计划，让孩子在规定时间内完成相应的学习任务，不同任务间给孩子留出 5 ~ 10 分钟的休息时间，然后再开始下一阶段的学习。每当孩子专心完成学习任务后，父母要给予一定的鼓励。当孩子能够做得很好时，父母可以慢慢增加学习时间。

比如，有的孩子做作业总是拖拖拖拉，甚至快要睡觉了作业还没写完。对于这种情况，父母可以跟孩子一起探讨一下原因，是因为不会，还是因为注意力不集中所致。

如果是因为不会，那就要从知识源头补起。如果是因为注意力不集中，那么可以给孩子限定时间，如果孩子按时完成，则给予相应的奖励，如果孩子不能按时完成，则要为自己的行为承担相应的后果。

在限定时间方面，家长可以咨询一下老师，在老师给出的参考时间的基础上稍微延长一点，如果实验几次孩子完成不了，那么家长可以适当再延长一些，然后等孩子达到后再慢慢缩短。限定的具体时长要根据孩子的能力来定，不能太长也不能太短。培养孩子的专注力是一个漫长的过程，家长一定要有耐心。

2. 培养孩子的兴趣

当发现孩子沉浸在自己喜欢的事情上时，父母尽量不要去打扰，因为这样做会破坏孩子的专注力。研究发现，当孩子遇到自己特别感兴趣的事情时，专注时间就会延长。父母可以有意培养孩子的兴趣，然后从孩子感兴趣的事入手来培养专注力。

专注力还跟大脑结构有关，当我们精神高度集中的时候，会下意识地用手抓挠右耳上方，这个位置就是专门负责集中注意力的部位——顶叶皮层，顶叶皮层有活泼好动、喜新厌旧的特点，这会导致孩子注意力转移太快，让孩子看起来好像不能集中注意力似的。而当孩子遇到感兴趣的事情时，顶叶皮层就会非常兴奋，此时孩子的专注力也很高。

3. 多运动

美国伊利诺伊大学对 9 岁孩子进行了一些相关实验，实验结果表明：孩子参加完体育活动后，他们在学习时会更加专注，学习成绩也更高。美国疾病控制和预防中心也做过研究，发现小学生如果能在白天做些运动，那么便更能集中精力去做功课。因为运动量达到某种程度后，大脑就会自动分泌多巴胺、血清张素和去甲肾上腺素，而这些神经传导物质能提升学习效率和加强记忆力。

家长可以鼓励孩子进行慢跑、游泳、轮滑、骑车等有氧运动。此外，冥想也是训练孩子专注力的方法，家长可以指导孩子试试。

4. 让孩子一次只做一件事

每个人的注意力都是有限的，我们不可能什么都关注。孩子的注意力正处在发展阶段，此时让孩子同时去做几件事，会损害孩子的注意力，很难取得好的效果，所以家长应尽量让孩子一次只做一件事。

5. 大声朗读

大声朗读有利于训练孩子的注意力。在朗读过程中为了不读错、不丢字、不中断，孩子会高度集中注意力，并且在朗读时，他们还会格外注意口、眼、脑的相互协调。家长可以安排孩子每天读上 10 ~ 20 分钟，坚持一段时间你会发现孩子有很多改变。

家长在安排孩子朗读时，所读内容要选择孩子感兴趣的，并且每天要坚持。家长也可以选择跟孩子一起大声朗读，相互指出对方好的地方和不对的地方。现在有很多朗读 APP，家长可以选择一个，跟孩子一起每天打卡。如果可以每天在朗读前进行一个小仪式，那么孩子的参与感会更强，同时，他感觉自己被足够重视，这样他更愿意坚持下去。

6. 玩一些提升专注力的小游戏

家长可以与孩子一起玩一些能训练专注力的小游戏，通过这些互动帮助孩子提升专注力。

复述数字

家长可以说出一个三位数让孩子复述，然后不断增加至四位数、五位数、六位数……并继续让孩子复述。想要记住数字，注意力必须高度集中，通过这个游戏不仅可以锻炼注意力，还锻炼了孩子的记忆力。家长也可以让孩子出题，家长来回答，这样你一个，我一个，为了将家长难住，孩子也会更用心。

反口令游戏

家长说一个口令，孩子要按照反向指令去做。比如，家长说前进一步，那么孩子就要退后一步，家长说向左，孩子就要向右，这类小游戏不仅训练了孩子的专注力，还能打破孩子的惯性思维。

一分钟游戏

家长可以和孩子做个一分钟竞赛的小游戏，就是家长和孩子比赛，看谁一分钟里做的事情最多。家长可以和孩子比读书、背诵、写字、做家务、捡豆子等，内容要尽量丰富，尽量挑选孩子感兴趣的内容。游戏过程中，如果孩子比你做得多，要记得及时表扬，如果做得比你差，不要忘记鼓励，并且要跟孩子一起找原因，然后帮助孩子做得更好。

智力训练

家长可以跟孩子玩走迷宫的游戏；可以跟孩子一起找出图中隐藏的动物；在一堆杂乱无章的图中找出一样东西；找到相似图形中的异同；在规定的时间内记住一页图中的物品，然后将书合起来，让孩子报出。

指读数字

画一张有 25 个小方格的五行五列表格，然后将数字 1 ~ 25 打乱，随机填在表格中，然后用最快的速度将 1 到 25 这些数字找出，边读边指出，一个人指读，一个人计时。一般 7 ~ 8 岁孩子需要 30 ~ 50 秒；正常成年人大约需要 25 ~ 30 秒，快的可以缩短到十多秒。如果孩子觉得有趣，家长可以多做几张这样的表，经常训练一下。

家长可以多找些能够训练孩子专注力的小游戏，然后选择一些孩子感兴趣的进行练习。全家人可以一起做，这样既能活跃家庭气氛，还可以提高孩子的专注力。

下面是一个关于孩子专注力水平的问卷，家长可以根据后面答案和得分对孩子的专注力进行测评。

中国儿童注意力水平测评问卷

根据读完每一句子后的第一印象选择最贴近自己情况的选项，

并做好记录：

1. 做作业时，你喜欢开着电视吗？

A. 是的，我觉得只有这样做作业才不会枯燥。

B. 不是，我做作业一向很专心，一边看电视，一边做作业会相互干扰。

C. 一般不会，但有时做作业时间长的时候会看看电视。

2. 听别人讲话时，你会常常想着另外一件事吗？

A. 是的，我会不由自主地想其他一些事情。

B. 我会尽量应付讲话的人。

C. 我不会一心二用，否则可能两件事情都做不好。

3. 你常常做作业时还能耳听八方吗？

A. 我在做作业时对周围的一切了如指掌。

B. 我做作业时不关心周围的事情。

C. 这种情况不常发生，除非我在抄习题。

4. 做暑假作业时，你会在短短几天时间内就将所有的作业做完吗？

A. 是的，快速做完后，会有更多的时间用来玩。

B. 基本不是，因为这样做会影响做功课的质量。

C. 偶尔，如果想出去玩才会这样。

5. 你每次看书的时间有多长？

A. 我一般最长能看一个小时左右。

B. 看一小会儿我就想玩，坐不住。

C. 我每次看书时间都很长，能坚持两个小时左右。

6. 你经常在看完一页书后却不知书上讲的是什么吗？

A. 是的，我很难集中注意力。

B. 我只能记住一点。

C. 我看完书后，能记住书上所讲的内容。

7. 做试卷时，你会经常漏掉题目吗？

A. 是的，我很粗心，做题有点心不在焉。

B. 不会，我做任何事情都很认真。

C. 我几乎每次都要漏掉点什么。

8. 上课时，你是否经常想起昨天发生的事情？

A. 是的，我很容易想起昨天开心的事情。

B. 上课的时候，我会跟着老师的节拍走。

C. 当上课不紧张时，我会开一会儿小差。

9. 妈妈叫你拿碗筷，你却常常拿一些其他东西吗？

A. 当我在看喜欢的动画片时会。

B. 一般不会，我一向做事很准确。

C. 是的，我会经常拿错东西。

10. 你放的东西经常会找不着吗？

A. 我放东西一般都会有条有理，除非别人挪动了位置。

B. 我经常会乱放东西。

C. 我常常找不到橡皮、尺子等小东西。

11. 上课时如果外面下雨，你会分心吗？

A. 我会听一会儿雨声，然后再继续上课。

B. 上课时外面的雨声不会让我分心。

C. 是的，我会被雨声吸引。

12. 心里一有事，你就会在上课时坐不住吗？

A. 是的，我常常会对心里的事念念不忘。

B. 我会将不愉快的事情放在一边。

C. 我会在不影响上课的前提下想想心事。

13. 班上来了新老师，你会将注意力放在老师身上吗？

A. 我会花点时间想想新老师的事情。

B. 我会像原来一样认真听课。

C. 我会好奇地一直打量着新老师。

14. 当家里来了客人，你会取消做作业的计划吗？

A. 我会和客人聊一会儿再做作业。

B. 是的，正好有理由热闹热闹。

C. 不会，我会按照自己的计划做作业。

15. 一旦身体不舒服，你会请假不上学吗？

A. 如果不上新课的话我就请假。

B. 正好有理由不去上课。

C. 我不会因为小病而影响上课。

请将孩子的选择参照下表统计得分，并将各题得分相加，看看您的孩子总分是多少，对照相应的得分，您就能了解孩子的注意力了。

题号	A项对应分值	B项对应分值	C项对应分值
1	1	3	2
2	1	2	3
3	1	3	2
4	1	3	2
5	2	1	3
6	1	2	3
7	1	3	2
8	1	3	2
9	2	3	1
10	3	1	2
11	2	3	1
12	1	3	2
13	2	3	1
14	2	1	3
15	2	1	3

35—45 分

您的孩子的注意力非常好！他具有成功人士的潜质，因为他的注意力能在自己想做的事情上保持相当长的时间，并保持相当高的效率。

这样的孩子通常是老师眼中学习认真的好学生，是父母眼中懂事的好孩子，是同学学习的好榜样。家长可以有意识地引导孩子在集中注意力的情况下努力把事情做好，这将会在孩子以后的学习和生活中起到积极作用。

25—34分

您的孩子的注意力还好，基本上能维持日常学习和生活的需要。不过，如果孩子注意力能再好一点，比如上课时不走神，那么对于老师的提问就不会答非所问，孩子学习成绩也能提高一大步，许多事情也能做得更完美了。

15—24分

您的孩子的注意力急需提高！可能您的孩子很容易被周围环境所干扰，有时即使没有干扰，他也容易走神。他需要父母的帮助，需要父母的科学训练来提高专注力。为了孩子的未来，父母要加油！

别让过高的期望值毁了孩子的自信心

上学路上，滚滚遇到同班同学飞飞，他一边走一边抹眼泪，于是滚滚忙问怎么回事？飞飞哽咽地说自己又被妈妈骂了。

滚滚问道：“你犯错了？”

飞飞摇了摇头，说：“因为前几天数学考试我考了 89 分。”

滚滚疑惑道：“89 分不是很高吗？你妈怎么还骂你？这次我才考 77 分，我妈都没骂我啊，只是让我下次努力争取考到 80 分。”

飞飞擦了擦眼泪，羡慕地跟滚滚说：“你妈真好，我妈要是跟你妈一样就好了，我妈只会批评我。无论我考得多好，她从来没有表扬过我，除了批评还是批评。我考 70 分的时候，她骂我怎么这么笨，根本不像她的孩子；我努力考到 80 分，她说别人都考 100，我怎么才考 80？我又努力考到班级第二名，她还是不满意，问我为什么不能拿第一？我努力考第一了，她说邻居家的孩子不仅成绩好，还参加作文比赛，并且还得奖了。无论我怎么努力，在她眼里我还是不行，我已经不想努力了，可能我真的太笨了，不适合读书吧。虽然我已经习惯了她的批评，可每次听到还是会难受，呜呜……”

你是这样的家长吗？你是不是动不动就批评自己的孩子？每当孩子考试没考好，你是不是不分青红皂白先骂上一顿？你是不是经常拿自己家孩子跟别人家孩子比，经常跟孩子说谁谁家孩子多了不起？你是不是对孩子期望过高，无论孩子多努力，你几乎一句表扬都没有，只要孩子没有达到你的期望值，你就大加责备？

如果你是这样的家长，那么你跟“刽子手”没什么两样，你正在“杀死”孩子的自信心。

孩子之所以不自信，跟家长有很大关系。有的家长什么事情都帮孩子做了，导致孩子动手能力非常差。一个什么都不会做的孩子，又怎能建立自信？有的家长认为孩子太小，缺乏判断力，所以什么事都替孩子做决定，让孩子没有自己做决定的机会，于是孩子就养成了凡事依赖父母的习惯。一个不自主的孩子又哪来的自信？有的家长对孩子期望过高，喜欢把孩子跟那些更优秀的孩子比，总是看不到孩子的进步和努力，看不到自己孩子身上的优点，长此以往，孩子就会丧失自信。

有些家长觉得自己这一辈子已经“毁了”，不能再让孩子像自己一样，于是将自己的希望寄托在孩子身上，让孩子负重前行。他们常常会让孩子去做那些超出他们年龄范围的事情，总是让孩子去做很有难度，甚至孩子根本做不到的事。长期让孩子去做这些严重违背儿童心理发展规律的事，会导致孩子经常遭遇挫折，让孩子习惯性放弃，直到最后完全丧失自信。

还有的家长根本不管孩子的感受，喜欢按照自己的方法来培养孩子，为了不让孩子输在起跑线上，给孩子报很多辅导班。很多孩子虽然心里不喜欢，但也不敢表达，只能习惯性地去做父母认为对的事，将自己的喜好深深埋在心底。连自己的喜好都无法把控的孩子，又怎能建立自信？

家长应该怎么做才能更好地培养孩子的自信心呢？

接纳孩子的不足，帮孩子找到成功的感觉

每个孩子都是一个独立的个体，既有缺点也有优点。作为父母要尽量接纳孩子的一切，只有这样才能走进孩子的内心，才能了解他、爱护他、尊重他、体谅他，才能让他有自信的底气。

20 世纪 60 年代，一个混血小男孩因为自己肤色的问题不敢在班上发言。每当老师提问时，他都会双腿颤抖，说话结巴，引得同学哄堂大笑。

这位老师告诉男孩的妈妈，如果这个孩子连基本的自信都没有，那么以后估计也不会有什么大的成就了。母亲为了帮助男孩找到自信，鼓励男孩在课余时间到街区推销报纸。在母亲的鼓励下，男孩敲开了邻居的门，并努力跟他们沟通，最后有好几户邻居都天天从男孩这里订报纸。

成功的喜悦让男孩找到了自信，从此他说话再也不结巴了，也敢在课堂发言了。多年以后，他才知道那几户总从他这里订报纸的邻居，其实是母亲花钱请他们订的，是母亲深深的爱让他找回了自信。男孩最终凭借这份自信成长为一名成功的企业家。

在孩子成长的路上，父母是最早、最重要的“引路人”，每个孩子都有自己的闪光点，同样也都有不足，父母要想让孩子在不足之处建立自信，则需要帮助孩子在这一方面找到成功的感觉，这样才更有利于孩子成长。

鼓励孩子，做孩子的坚强后盾

孩子的思维跟成人不同，孩子的世界观和价值观也跟成人不同，父母不能像要求成人那样要求孩子，不能对孩子要求过多，要允许孩子犯错。当孩子犯错后，父母要以宽容的心看待孩子的错误，不要动不动就严厉批评孩子，不要数落孩子，要给孩子改正的机会。当孩子遭遇挫折或失败时，父母不要责怪、埋怨孩子，而要给孩子以鼓励，为孩子加油助威，让孩子知道失败也没什么，只要努力，一样可以看见彩虹。这样，孩子的内心就会慢慢强大起来，就会建立起牢固的自信，以后再遇到困难和挫折，也能勇敢面对。

以身作则，为孩子营造安全轻松的成长环境

父母在孩子面前要给孩子树立一个自信的榜样，在这样的家庭环境的影响下，孩子更容易变得自信满满。

家庭教育中，父母要给孩子营造一个平等、民主、和谐的氛围，让孩子在家中有一定的主动权，这能给孩子带来心理上的安全和自由，孩子只有具备足够的安全感和自由感，安全、轻松的成长环境更有利于孩子建立自信。

欣赏孩子，为孩子传递一些积极自信的信号

心理学家威廉·杰姆士曾说："人最深切的需求，就是渴望得到别人的欣赏。"家长无意中的一次次打击，会彻底击垮孩子的自信，而自信又是激发孩子潜能的重要前提，是形成完美人格的基础，是孩子成功必备的性格之一，所以不要总是责骂、贬低孩子，要多给孩子一些鼓励，多给孩子一些信心。这样孩子才更有可能变成你期望的样子。

1968 年，著名心理学家罗森塔尔和雅各布森来到一所小学。他们对 18 个班做了"未来发展趋势"的测试后，将一份"最有发展前途"的名单交给了这所学校的校长和相关的老师，并要求他们保密，以免影响实验的结果。其实这份所谓的"最有发展前途"的名单，只是罗森塔尔他们随机挑选的，根本没有任何根据。

八个月后，罗森塔尔他们对 18 个班的孩子进行复试，结果发现凡是当初上了名单的孩子，他们的成绩都有了很大的进步，并且性格也变得活泼开朗，也愿意跟别人打交道，自信心也变强了。

这主要是因为相关的老师收到那份专业人士给出的"权威"名

单后，就会更加欣赏那些孩子，并对他们抱有更高的期望，于是就会有意无意地通过态度、表情等行为表现出来，并将这些期望传递给孩子。孩子感受到老师的期望和欣赏后，也会给老师积极的反馈，这种正向反馈又激起老师更大的热情，于是又给孩子更多的关照。这样良性循环下去，孩子就会向着老师期望的方向发展，最后期望就会变成现实。

上述案例给我们的经验就是要尽量给孩子传递一些积极自信的信号，这样做将更有利于孩子建立自信。

现阶段，你的孩子自信程度到底如何呢？我们可以参照下表进行一个测试。

请仔细阅读下面每一道题，根据孩子的实际情况在相应的地方画“√”。

序号	具体问题	符合	不确定	不符合
1	孩子能清楚说出自己的优点和缺点			
2	孩子喜欢跟别人攀比衣服、玩具等物品			
3	在陌生环境中，孩子会表现得很拘谨			
4	老师反映孩子在课堂上很少举手发言			
5	每次考试前，孩子都会非常紧张			
6	孩子对自己的外表很满意			
7	被批评后，孩子会难过很久			
8	孩子发言时，如果受到别人质疑，马上就不说话了			
9	孩子遇到挫折就垂头丧气			

续上表

序号	具体问题	符合	不确定	不符合
10	被同学欺负后，孩子不敢声张			
11	孩子觉得自己很能干			
12	孩子在众人面前发言或表演时会很不自在			
13	孩子害怕挑战困难的任务			
14	跟同学发生冲突时，孩子会很生气，甚至攻击他人			
15	只要下定决心去做一件事情，孩子就会坚持到底			
16	孩子习惯将责任推卸给别人，不勇于承认错误			
17	孩子总是果断地做出决定			
18	对于别人的意见，孩子能耐心听取			

父母根据上面回答，参考下面的得分表，计算孩子的总得分，依据得分您就能了解孩子的自信程度了。

序号	“符合”项得分	“不确定”项得分	“不符合”项得分
1	2	1	0
2	0	1	2
3	0	1	2
4	0	1	2
5	0	1	2
6	2	1	0
7	0	1	2
8	0	1	2

续上表

序号	“符合”项得分	“不确定”项得分	“不符合”项得分
9	0	1	2
10	0	1	2
11	2	1	0
12	0	1	2
13	0	1	2
14	0	1	2
15	2	1	0
16	0	1	2
17	2	1	0
18	2	1	0

自信指数≥28

您的孩子是个“自信小超人”，这说明您为孩子的自信创造了良好的成长环境。不过也要注意，如果孩子对不熟悉的事物也过分自信，或即便自己错了也不承认错误，而是坚持自己的观点，这就不是自信了。

21≤自信指数≤27

您的孩子是个“自信小高手”。您的孩子有面对挫折和困难的勇气，有良好的处理人际关系的能力，是个有责任心，懂得爱自己也关爱他人的孩子。不过，只要进行适当的训练，您的孩子可以做得更好。

14 ≤自信指数≤ 20

您的孩子是个“自信攀爬手”。虽然您的孩子在某些方面表现出自信，但是这还不够，您需要协助孩子在更多方面收获自信。

自信指数≤ 13

您的孩子是个“自信长跑选手”，这说明您的孩子还有很大的上升空间。抓紧时间，找到孩子不自信的主要原因，然后跟孩子一起努力加油吧。

相对宽松的环境、合适的目标和对手让孩子拥有持续的上进心

一个孩子如果有上进心，并且能够一直保持下去，那么即使智商不是很高，也能取得令人瞩目的成绩；一个孩子虽然很聪明，但如果没有上进心，那么很可能他的一生将碌碌无为。

上进心是激励孩子不断进步的内在驱动力。有上进心的孩子能自发改正身上的一些不良习惯，以百折不挠和积极乐观的心态面对生活中的挫折。上进心就像一颗包治百病的灵丹妙药，一旦激发出来，就会让孩子变得卓越。

父母应该怎样激发孩子的上进心呢？

幼儿园的老师严肃地对一位妈妈说：“全班几十位小朋友，只有你家孩子表现最差，在凳子上连三分钟都坐不住，你最好带他去医院看看是不是患有多动症。”

回家路上，孩子忐忑地问妈妈老师说了什么？妈妈微笑着说：“老师表扬了你，说宝宝原来在凳子上一分钟都坐不住，现在能坐三分钟了，全班几十名同学，只有你进步最大。”从那以后，孩子在凳子上坚持的时间越来越长。

孩子上小学了，家长会后老师对妈妈说：“全班 50 名同学，这次数学考试 49 名同学都在 90 分以上，只有你家孩子不及格，你最好带他去做一下智力测试。”

回到家里，母亲对坐在桌前写作业的孩子说：“老师说，你是一个聪明的孩子，就是有点粗心，只要你细心些，肯定会超过你的同桌，这次他在全班排 40 名。”听了妈妈的话，孩子黯淡的眼神又充满了亮光，身体坐得笔直，他坚定地对妈妈说：“妈妈，你放心，我一定要超过同桌。”从那以后，孩子每天都早早地去学校，晚上一回家就写作业，并且作业没写完就不吃晚饭。

孩子上初中了，妈妈坐在孩子的座位上，等着老师点儿子的名字，因为儿子总是在差生之列，妈妈都习惯了。不过，这次直到最后妈妈也没听到儿子的名字，她有些不习惯，去找老师，老师说：“根据你家孩子现在的成绩，可能上不了重点高中，你赶紧想想其他办法吧。”

全班几十位小朋友，只有你家孩子表现最差，在凳子上连三分钟都坐不住……
老师表扬你了，说宝贝比原来更能坐得住了。
妈妈，老师说什么了？

全班50名同学，只有你家孩子没及格，其他孩子都在90分以上，你最好带他去做一下智力测试……
老师说你是一个聪明的孩子，只是有点粗心……
妈妈，你放心，我一定超过同桌！

以你家孩子现在的成绩来看，
可能上不了重点高中……

老师夸你很好，只要继续
努力就能上重点高中！

妈妈，我能考
上好大学吗？
当然能了！妈
妈相信你！

妈妈，我知道我不是一个聪
明的孩子，是您的不放弃才
让我取得了今天的成绩……

第一次没被点名，妈妈很惊喜，出门发现孩子正在校门口等她，觉得很幸福，她激动地对孩子说："班主任夸你很好，只要你继续努力，就能考上重点高中。"那一刻，她感觉孩子挽着自己的胳膊更有力了。

高中后，妈妈再去参加孩子的家长会，得到的是老师对儿子的肯定，妈妈非常欣慰，自己家孩子终于长大了。高考前，孩子问妈妈："我能考上清华吗？"妈妈坚定地说："当然能了，儿子！妈妈相信你！"

分数出来后，孩子取得了全市第一的好成绩，清华、北大等名校任他选择。那一刻，孩子抱着妈妈大哭起来，他边哭边说："妈妈，我知道自己不是一个聪明的孩子，是您的不放弃，是您一次次的鼓励才让我取得了今天的成绩……"

这位妈妈跟千千万万妈妈一样，也望子成龙。不过当她发现孩子的现实表现跟自己的期望相差太远时，并没有斥责或放弃孩子，而是及时调整好自己的心态，用爱去呵护孩子。听到老师对自己孩子的不好评语，她不仅没有责备孩子，还害怕伤了孩子的自尊心，于是对其进行了艺术加工，将贬话褒说，将母爱化成期盼和激励，抚平孩子的失落，点燃孩子的上进之心，照亮孩子前进的路，让孩子不断突破自己，最终取得了不错的成绩。

当你觉得自己家孩子没有上进心，对什么事都不上心，学习要老师和家长不断催促，班级活动也不愿参加，也没什么兴趣爱好时，你可以好好反思一下，自己有没有像上面那位母亲一样去爱孩子，去激发孩子的上进心。

想要激发孩子的上进心，父母可以这样做：

给孩子提供一个相对宽松的成长环境

现在各大媒体都大肆宣扬“不要让孩子输在起跑线上”，这导致有些父母在孩子还没出生时就开始焦虑，担心自己的孩子比不过别人。有的父母在孩子出生后便开始了比较，比吃穿、比外貌、比聪明、比懂事、比成绩等。如果孩子哪一点没有比过别的孩子，父母就会表现出不满，而孩子又非常在乎父母的态度，他们那颗敏感、无助的心很容易就能感受到父母的不满、失望，这些负面情绪阻碍了孩子自主能力的提升。有的孩子出于自我保护，对大多数事情都表现得无所谓和不在乎，就这样，他们在父母眼中变成了缺乏“上进心”的孩子。

其实每个孩子天生都有追求上进的心态，现在很多孩子之所以不上进是因为害怕失败，害怕失败后会让父母失望。所以，当孩子犯错时，当孩子没考出好成绩时，当孩子不如别的孩子时，父母要站在孩子的角度想一想，以宽容的心去体谅孩子，试着去理解孩子，发自内心地去鼓励孩子，让孩子能感受到你的爱，让孩子能够在一个宽松的环境中健康成长。

设置一些小目标让孩子体会成功的喜悦

心理学研究表明，成功的行动更容易激发孩子积极上进的情绪，而失败的行动则容易让孩子产生消极退缩的情绪。处在小学阶段的孩子，大多数都有上进心，频繁的失败可能会让孩子的上进心锐减，如果能时不时让孩子体会到成功的喜悦，则会让孩子的上进心得到巩固和增强。

父母可以根据这一点，给孩子设置一些他能完成的小目标，或者将有难度的大目标分解成一个个小目标，由易到难让孩子来完成，当孩子完成时及时给予鼓励，以此来不断增强孩子的上进心。

给孩子找一个合适的竞争对手

每一个孩子都有自尊心，他渴望得到别人的认可，父母可以利用这一点，通过一个合适的竞争对手来激发孩子的上进心。比如，父母可邀请一些孩子喜欢的、能激发孩子上进心的同学或朋友到家来玩，或者让孩子跟他们一起郊游、学习等，在游戏或竞争中使上进心得到激发。

对于竞争对手，家长在选择时一定要慎重，注意选择那些跟孩子水平差不多的，如果选择那些特别优秀的对手，孩子会觉得无论自己怎样努力也赶不上，从而产生消极情绪。

家长在采取行动时也要注意把握好分寸，要正确引导孩子，不要刺激过度，否则孩子很容易产生自卑或嫉妒心理。

孩子的成长不是一蹴而就的，孩子的未来也不是成绩一项就能决定的，它只是生活的一小部分，家长要放下焦虑，放平心态，好好跟孩子一起体验成长，体验进步。

学会放手，让孩子独立去“飞”

国外心理学家推孟和他的助手，从25万名孩子中筛选出1 500名智力较好的孩子，然后对他们进行了长期的追踪观察，30年后发现其中20%的人并没取得什么成就。推孟将这20%没取得成就的人，跟其中成就最大的20%的人进行对比，发现导致他们命运不同的主要原因并不是智力，而是性格品质。那些取得巨大成就的人，无一不是具有独立、坚强、勇敢等性格品质的人。

独立性是指独立分析和解决问题的能力。心理学家威特金研究发现，具有独立性的人通常会更有主见，处事也更有自主精神，并且对抽象的理论会比较感兴趣。良好的独立性能促进孩子个性、认知、情绪、情感等方面的发展。哈佛素质专家认为，成功者最基本的素质就是独立性。

人的独立性不是先天就有的，而是经过后天的环境和教育形成的。培养孩子的独立性对孩子的成长来说很重要。很可惜，中国孩子的独立性并不乐观。

为什么现在孩子的独立性这么差？根本原因在于父母缺乏培养孩子独立的意识，表现在实际生活中则是，对于孩子的大部分事情，父母都会替他们代办。

有的父母心疼孩子，觉得孩子上学已经很辛苦了，并且很多事孩子也不怎么会做或者做起来很慢，于是慢慢地，大事小事父母就自动替孩子分担了。比如写完作业后自动替孩子收拾书包；觉得孩子自己洗脸、洗脚、洗袜子总是洗不干净，于是顺手替孩子包办了；孩子穿衣、系鞋带太慢了，算了，还是父母亲自“上阵”比较节省时间……长此以往，孩子就养成了事事依赖别人的习惯，也就越来越不独立了，这样的家庭教育对孩子的未来发展极为不利。

如何培养孩子的独立性呢?

让孩子自己安排时间

有的父母总觉得孩子还小，还不懂得合理安排时间，于是就替孩子来安排，比如几点写作业，几点读书，几点睡觉，几点起床等，孩子只要认真执行就可以了，这样下去，孩子的独立性很难培养起来。

如果父母觉得孩子还小，还不会安排时间，那么完全可以跟孩子一起探讨，可以给孩子提供一些参考意见，或者让孩子自己安排试试，有问题的地方可以随时调整。只有亲身体验，孩子才会有深刻的印象，才能学会怎样安排好时间，也才能慢慢懂得珍惜时间。

鼓励孩子做一些力所能及的事情

孩子的能力是在动手实践过程中慢慢发展形成的，父母应该解放自己的思想，给孩子提供各种实践机会，鼓励孩子去做一些力所能及的事情。比如，让孩子拿碗筷、刷碗、打扫卫生、去附近商店买东西等，只要孩子愿意尝试，就鼓励孩子去做，让孩子在完成这些事的过程中体验成功，进而收获成就感和愉悦感。

尊重孩子自己做主的权力

有些父母觉得孩子太小，不放心让他自己做主，孩子自己决定的事，父母还要再“把把关”，虽然这避免了孩子失误造成的伤害，但也容易让孩子养成凡事依赖父母的习惯。父母应该尊重孩子的每一个决定，即便有误，只要不造成太大的伤害，父母都不要强加干涉，要知道失败或者错误能让孩子更快地成长起来。

滚滚要跟同学一起去山里野营，妈妈问需要她帮忙吗？滚滚自信地说："不用了，妈妈，你要相信你儿子！"

滚滚出发前，妈妈检查了他的背包，发现他没有带厚一点的衣服，也没有带野营需要用的手电筒，不过妈妈思考一下后决定不提醒滚滚了。

两天后，滚滚回来了。妈妈问滚滚玩得怎么样？"除了没带厚外套和手电筒，其他都很完美。"滚滚有些不好意思地说，"没想到山里会那么冷，另外没有手电筒，每天晚上都要跟在别人后面，这个很郁闷。不过下次我再也不犯类似的错误了，我要提前查好当地的气温，并且将要带的东西列个单子，避免丢三落四。"

看到滚滚能总结自己的失误，并想到解决办法，妈妈很庆幸自己当初没有提醒滚滚。放手让孩子自己做决定，并承担后果，这样孩子才能真正独立起来。

鼓励孩子自己寻找问题的答案

每当孩子有什么问题时，很多父母都会马上告诉孩子答案，这样做虽然短时间内会让孩子知道很多知识，但也容易让孩子失去思考和独立解决问题的能力，因为孩子已经习惯别人直接提供现成答案。家长这么做不仅妨碍了孩子在智力劳动上的自主性，而且不利于孩子的独立性培养。

当孩子向父母提出问题时，虽然父母知道答案，但也不要直接告诉孩子，父母可以引导孩子自己想办法去寻找答案。比如，孩子有的字不认识，父母可以教孩子怎么查字典，让他知道以后遇到这样的问题可以用什么方法去解决，从而锻炼孩子独立解决问题的能力。

鼓励孩子自己去解决人际关系中出现的问题

孩子之间难免会有一些矛盾和冲突，这时父母可以告诉孩子人际交往的重要性，比如分享、交换、协商、合作等对自身的影响，也可以用自己的一些经历，或是名人故事去引导孩子，鼓励孩子自己去面对，而不是家长直接出面替孩子解决。

著名教育家陈鹤琴说：“凡是孩子能做的事情应该让孩子自己做，不要代替他。”父母们，为了孩子，你们必须学会放手，因为只有这样，当他们真正离开你们时才会生活得更好。

多支持，多鼓励，主动成长才是真正的成长

著名发展心理学家和精神分析学家埃里克森提出了人格社会心理发展理论。他认为人的发展是按阶段依次进行的，每个阶段都有特殊的社会心理任务，也有一个特殊矛盾，如果该阶段的矛盾得到顺利解决，那么人格就能得到健康发展，如果矛盾没有得到顺利解决，就会影响人格的发展，进而阻碍个体适应环境。

他认为孩子在 1 ~ 3 岁这个阶段是获得自主感而避免怀疑感和羞耻感的阶段。这个阶段孩子开始有了独立自主的要求，比如想自己吃饭、自己穿衣、自己走路等，他们开始积极探索周围的世界。如果父母在这个阶段允许孩子去做一些他们力所能及的事情，当他们完成后给予及时表扬，则能培养孩子的自主感，让他们能很好地

自己控制自己。

如果这一阶段父母过度溺爱他们，什么事情都代包代办，让他们没有动手的机会；或者父母太过严厉，这也不让那也不准，稍有错误就大加斥责，甚至进行体罚，让孩子一直遭受失败的体验，那么孩子就会产生自我怀疑与羞耻感。

孩子在3～6岁时，是获得主动感而克服内疚感的阶段。这一阶段孩子的肌肉运动和语言能力发展很快，孩子能跑、能跳，能说一些连贯的话，活动范围也在不断扩大。除了模仿，孩子还对周围的环境，包括自己的机体产生了兴趣，常常问问这，摸摸那。

父母如果在这一时期对孩子的探索行为不是横加阻挠，而是加以正确的引导，对孩子的各种问题不是嘲笑，而是耐心解答，对孩子想参加的各种活动不是禁止、指责，而是积极支持，那么孩子的主动性就会得到进一步发展，孩子就会表现出更高的积极性和进取心。反之，则会让孩子产生内疚感和失败感，这种内疚感和失败感还会影响孩子下一阶段人格的发展。

从埃里克森的研究可以发现1～6岁，尤其是3～6岁，是孩子主动性养成的重要时期，如果这一时期父母根据孩子爱探索的本性加以引导，那么孩子的主动性将更容易保持。

爸爸带着4岁的女儿去买东西，买完东西后，小女孩兴奋地喊道："爸爸，我来拿，我来拿！"爸爸严肃地说："这么沉，你怎么拿得动？"小女孩坚持要拿，爸爸生气地将袋子往小女孩手中一塞，小女孩没拎住，袋子正好砸在小女孩脚上，小女孩大哭起来。爸爸烦躁地说："哭什么哭？我不是告诉你拎不动吗？谁让你不听话非要拎的？"

你是不是也跟上面那位爸爸一样，因为种种原因经常拒绝孩子的主动性和实践请求？"这个太高了，危险，你不能上去！""你又不会做，别在这里添乱了。""到屋里待着，别在这里碍事。""宝贝，等你长大了再做吧！"如果你经常这样对待孩子，那么现在你有可能会有更多的抱怨，比如"怎么办，我们家孩子从来都不知道主动学习。""别提了，我家孩子只知道看电视，每天不骂他都不知道去写作业！""我每天都得紧盯着，他才能将作业写完。""让他做什么都不理不睬的，就在那里发呆，急死我了！"

孩子变成现在这样是谁的错？是家长，是家长的一些错误行为阻碍了孩子主动性的发展，让孩子变成一个没有主动性的人。

家长总想让孩子变成自己想要的样子，结果却让孩子失去了主动的能力。

很多父母在孩子出生前就想好了要把孩子培养成什么样的人，这些家长既不懂儿童心理，也不懂家庭教育，他们把自己梦想强加在孩子身上，也不管孩子愿不愿意。

没有人喜欢受别人"控制"，被别人"改造"。当孩子还小时，因为无力反抗，他们只能把自己想做的事暂搁一边，默默忍受父母的培养计划。这时，孩子会想："既然你们希望我这样，那我满足你们就行了。”于是孩子就应付了事。应付的结果就是只能满足父母的最低要求，但是父母想要的是孩子能做得更好，这时父母就会对孩子进行各种说教指责，导致矛盾爆发，最后让孩子越来越叛逆。

主动性是指具有明确目的、动机和自控感的行为倾向，并以此来支配或影响外部世界，从而获得自我满足和价值感。被父母强制的孩子又怎么会有主动性？一个人只有知道自己内心想要什么，才会为此而努力，才会主动去做事。

父母反省一下吧，你是你，孩子是孩子，他们有自己的生活，有自己的追求，有自己的梦想，他们是人，不是工具。

家长的各种不放心、不放手让孩子失去了主动成长的机会。

燕子妈妈说：“宝贝想要自己去学校，她那么小，路上那么危险，我怎么能放心，万一出现什么意外，我怎么活？”

10 岁的燕子说：“妈妈觉得我什么都不会做，什么都不能做，如果不在她的监视下，我做什么她都不放心，真希望她能让我自己独立去做一些事。”

安安妈妈说：“我只希望儿子平平安安、快快乐乐地长大。”

12 岁的安安说：“我真的不想再听她说快乐了，她的各种担心和抱怨都快把我逼疯了，哪里还有什么快乐？！”

伟伟爸爸说：“我愿意为儿子做任何事，只要他能成功。”

14 岁的伟伟说：“我讨厌爸爸的任何建议，他总是安排我的一切，真是让人烦透了。你知道吗？我觉得自己就是一个失败者，什么都不会，他毁了我的一切。”

有些父母因为不放心孩子，于是直接将孩子的一切都安排好，以免孩子犯错走弯路。其实孩子的思维发展和成长发育都是在实践过程中慢慢完善的，只有在做的过程中，才能体验出好坏，才能知道对错。但是有的父母却剥夺了孩子这种体验的权力，导致孩子失去了主动成长的机会。

父母应该在保证安全的情况下，给予孩子充分的信任，放手让孩子去尝试，去体验，这样才能让孩子主动成长。那么具体应该如何去做呢？

创设一个能自由发展的舒适环境

法国著名教育家卢梭在他的教育著作《爱弥儿》中指出，教育者只需要为孩子创造一个能促进孩子自由发展的舒适环境就行了，然后放手让孩子自己去发挥自身的积极性，通过一些活动和个人经验，认识生活，进行学习，健康成长。

父母给孩子创造一个宽容、信任、自由、舒适的家庭环境，让孩子在这样的环境下健康成长。心理学研究表明，良好的环境可以使孩子思维敏捷、活跃，更有利于孩子主动性的培养。

让孩子自己做主

教育家陶行知说：“教育是心心相印的活动，唯独从心里发出来的，才能达到心的深处。”

父母在给孩子报兴趣班、学习班，在给孩子规划未来时，应该多倾听孩子内心的真实想法，了解他们自己想要做什么，想要成为什么样的人，想要什么样的未来，做决定的时候要考虑孩子的意见，只有孩子内心认可了，他才会积极去行动，不是吗？父母一定要记住，这不是你的生活，是孩子的生活，要尊重孩子的意见！

多给孩子自己动手的机会

心理学家保罗·瓦茨拉维克曾说："要求别人主动是生活中最隐蔽也最常见的悖论。"是啊，主动是不用别人说就去做，而要求别人主动还能叫主动吗？与其要求孩子主动，不如多给孩子动手的机会，让他们在行动中找回曾经丢失的主动性。

生活中，父母不要"太勤劳"，不要对孩子的事情大包大揽，要学会"偷懒"，学会提出问题让孩子自己解决，让孩子自己去寻找答案，这样他们才会真正成长起来。

把曾经被偷走的主动还给孩子吧，只有孩子变主动了，他的未来才会有更多可能。

第三章

性格的培养2：
弥补这些小缺陷，孩子将更加出色

分析孩子的初心，撒谎并没有那么可怕

白滚滚一进门，鞋都没来得及脱，就大声嚷嚷道：“妈妈，妈妈！老师今天夸我的作文写得好，你看这里老师都批注了‘成语用得非常恰当’！”说着翻出作业本指给妈妈看。

妈妈看到老师的评语夸奖道：“儿子，你真棒！妈妈这就去做好吃的犒劳你。”

滚滚一边低头换拖鞋，一边继续道：“老师今天还在班上朗读了我的作文，一边读一边夸我，让大家向我学习，坐在我前面的图图，就是语文总考第一的那个同学，看老师读我的作文却没读她的，都生气了。”

妈妈亲昵地擦去滚滚额头上的汗，兴奋地说：“滚滚居然超

过了第一名，真是妈妈的好儿子！快去歇会儿，待会儿我们吃好吃的！”

妈妈在做饭的时候，接到滚滚语文老师发来的信息，在信息中，老师让妈妈好好辅导一下滚滚写作文，因为写得不是很好，一篇作文她只找到一处用词用得对的地方。为了鼓励孩子，她把那个地方圈了出来，并进行了表扬。

经过侧面询问，妈妈才知道除了老师的评语，其他都是滚滚自己编的谎话。妈妈又气又急，滚滚居然学会了撒谎，并且还“撒”得这么好，让自己都信以为真了，这样下去，以后还不变成一个小骗子？

很多妈妈发现孩子撒谎后都如临大敌，好像只要孩子撒谎就是变坏了，以后就会变成一个骗子。其实真的不必这样过度“解读”孩子的谎言，撒谎只不过是孩子成长发育过程中的一个正常阶段而已。

加拿大多伦多大学儿童研究所在研究“儿童为什么会说谎”这个议题时发现，不论孩子的性别、国籍如何，在 2 岁孩子中，有 20% 的孩子会说谎；在 3 岁孩子中，有 50% 的孩子会说谎；在 4 岁孩子中，90% 的孩子都会说谎；到了 12 岁，差不多每个孩子都撒过谎。并且孩子的年龄越大，说谎的比例越高。你看，全世界绝大多数孩子都会撒谎，所以得知自己家孩子撒谎后，不要觉得好像“世界末日”了，而要用一颗平常心去对待。

对孩子来说，说谎是一项复杂的“任务”。为了能让别人相信自己的谎言，孩子不仅要清楚别人的心理状态和情绪，还要控制好自己的表情、肢体动作，并且还要对一些真实信息进行加工、利用，组织好自己的语言，最后编出一个合理的故事。这需要多高的情商和自我控制能力啊。

研究发现：说谎越早，谎话说得越“好”的孩子情商越高，自我控制能力也越强。听到这个结论，你会不会心里有点雀跃？不过，这并不意味着可以任由所有年龄段的孩子去撒谎。

对于2～3岁的孩子来说，撒谎是更“聪敏”的表现。因为撒谎是一个复杂的逻辑思维过程，如果你的孩子这时就会撒谎，那恭喜，你家孩子的逻辑思维能力比较强。这个时期孩子撒谎，不仅可以锻炼孩子的语言表达能力，还能提高孩子的智力水平。

对于3～6岁的孩子来说，存在有意撒谎和无意识撒谎两种类型。这一时期是孩子想象力爆发的阶段，他们有时分不清哪些是自己的幻想，哪些是现实，于是就会说出一些听起来不着边际的话，比如说自己在路上看到一条长了角的大狗，类似这样的都是无意识的谎言。对于孩子无意识的谎言，父母不要责备，最好能跟孩子一起往下编，引导孩子发挥想象力。不用担心，等孩子长大一些后，他们的大脑逻辑思维能力也就慢慢成熟，那时他们就能分清现实和幻想，无意识的谎言也就慢慢消失了。

孩子6岁以后的撒谎，大多都是有意的行为。当妈妈发现孩子有意说谎时，不要急着责骂孩子，更不要随便给孩子乱贴标签。研究显示，所有的孩子都说谎，想要杜绝孩子说谎也是不现实的。面对孩子说谎，家长要学会接受这个事实，并管住自己的脾气，多跟孩子沟通，找到孩子撒谎的真正原因，然后针对不同的原因加以正确的引导，这样才能从根源上杜绝谎言。

家长要知道孩子每一个谎言背后都反映出他们的一些心理，而这些心理通常又跟家庭教育方式息息相关，这尤其需要引起家长的注意。孩子为什么要故意说谎？撒谎反映了孩子的哪些心理问题？妈妈要怎样教育？虽然每个孩子撒谎的动机各不相同，但是其背后的心理成因主要有以下四点：

一、因为在意他人的眼光而撒谎

不要小看孩子，其实他们是最擅长察言观色的。当他们开始在意他人的眼光后，就会揣测别人的评判标准，比如父母的、老师的、同学的，然后用别人的评判标准来看自己的行为，如果自己没有达到他人的标准，就会故意撒谎，以期达到他人的要求。

就像本节开头的白滚滚，他很在意妈妈看待自己的眼光，也知道妈妈喜欢什么样的孩子，但是自己却没有做到，为了不让妈妈失望，于是他将现有的事实夸大，编造出一个妈妈喜欢的“完美儿子”形象。

教育方法

当家长分析出自己的孩子是因为这个原因而撒谎时，不要去责骂孩子。

首先反省自己。反省自己平时是不是对孩子要求太严格，或者对孩子的期望值太高。发展心理学家研究发现，当孩子还小时对撒谎持有非常严格的道德态度，小孩子会认为任何时候撒谎都是错误的；但是，当孩子长到 10 岁时，对于撒谎的道德态度会改变，10 ~ 18 岁的孩子会认为撒谎的对错主要取决于撒谎产生的结果，如果说谎是为了保护其他人的感情，那么在道德上也是可以接受的。如果你的孩子只是不想让你失望才说谎，他的本意也只是为了保护你，就冲孩子的这份心意，你也要善待他那“美丽的谎言”。

然后不要随意给孩子乱贴负面标签。不要动不动就说孩子是个“小骗子”“吹牛大王”等。从心理学角度来讲，如果一味强调说谎的后果，反而会把“撒谎”的理念植入孩子的潜意识，从而导致孩子说更多的谎言。研究发现如果想让孩子诚实，有效的做法就是多告诉孩子诚实的好处，不要强调说谎的代价。

最后，多称赞孩子的努力过程。每个家长都希望自己的孩子更优秀，这无可厚非，但是有的家长太着急，只追求最后的结果而忽视孩子的努力过程，当孩子的结果不理想时就会大发雷霆，这导致孩子不敢说真话。有的家长还经常对孩子说："如果你做到……，我就……"这诱导了孩子为达到结果而去撒谎。如果你是这样的家长，请放下急功近利的心，好好关注孩子的努力过程，对孩子做得好的地方加以表扬，你会发现自己的孩子其实挺优秀的。

二、因为渴望被关注而撒谎

有的父母工作比较忙，对孩子的关爱不够；有的父母当孩子表现好时就满足他的一切要求，当孩子表现不好时，就训斥孩子。于是有的孩子为了博得父母的关心或者取悦父母便开始撒谎。如果父母没有及时识破孩子的谎言，让孩子尝到撒谎的甜头，孩子就会撒更多的谎。

教育方法

当家长发现孩子因为渴望被关注而撒谎时，无论多忙一定要抽时间多陪陪孩子，比如帮孩子做些早饭，跟孩子一起读读书，做做游戏。如果天天早出晚归，看不到孩子，也可以给孩子买一些小礼物，或给孩子写点书信，或留言，让孩子感受到你的爱，让他知道你一直在关注着他，让他能够感受到你的爱。

三、因为缺乏安全感而撒谎

澳大利亚资深记者伊恩·莱斯利在多年的采访和研究中发现：如果 7 岁的孩子还爱说谎，那就说明他的内心是不安的。因为孩子内心没有安全感，或者以往因说真话被父母狠狠批评过，从而留下了心理阴影，导致孩子更愿意去说谎。

教育方法

对于这样的情况，父母首先要相爱，给孩子一个温馨的家，让孩子有足够的安全感。妈妈不要对孩子说诸如“你如果不……我们就不爱你了”之类的话，除此以外，要对孩子一些合理的需求尽量满足，让孩子感受到父母的关爱。另外，跟孩子沟通时要注意说话的方式，不要去恐吓、威胁孩子，让他们敢于跟自己说真话，而不是谎话。

四、想要逃避责任而撒谎

美国著名儿童心理学家基诺特曾说过，孩子说谎是因为害怕说实话被责骂。英国哲学家、教育家罗素认为，孩子不诚实，大多是因为恐惧。有的孩子不小心打坏了家里的东西或犯了错误，因为本能害怕父母的惩罚，于是选择说谎。有的父母得知孩子做了错事后，不先了解具体情况，直接就是严厉的惩罚，孩子为了不被惩罚，更容易被迫说谎。

教育方法

对于犯错的孩子，父母应该控制自己的脾气，给孩子一定的理解和尊重，让他们在一个宽松的环境下有勇气说出实情，并告诉孩子大家都会犯错，只要说实话并相应地承担一定的责任就好，这样还能从小培养孩子勇于承担责任的品格。

找出原因，找对方法，帮孩子走出过度自卑

礼拜天上午，白滚滚妈妈送白滚滚去上美术课。在培训班门口，白滚滚对一女同学笑道：“张依婷，你也来了啊。”然后又对女孩旁边的家长说：“阿姨好！”那个叫张依婷的女孩没说话，只是轻轻点了一下头，之后就一直盯着自己的脚尖看。

“婷婷，同学跟你打招呼，你怎么不回？”旁边的家长大声呵斥道：“你看看你们同学多有礼貌，再看看你，真是气死我了！”

滚滚妈担心那家长再说出什么不好的话，于是赶紧说：“快让孩子们去上课吧，要不迟到了。”

看到两孩子走进教室后，滚滚妈问：“你是婷婷妈妈？”

那个家长点点头，叹气道：“看你儿子多懂事！我们家婷婷也

不知怎么回事，幼儿园的时候还敢在大人面前唱歌跳舞，现在上小学了反而越来越害羞了，不要说唱歌跳舞了，就连打招呼都不敢了。”

滚滚妈安慰道：“可能女孩跟男孩不同，女孩一般都文静一些，我觉得你家婷婷很乖巧。”

婷婷妈抱怨道：“她是太乖巧了，乖巧得让人担心啊。她们老师跟我反映，婷婷上课从来不举手回答问题，即使被老师点名回答，声音也很小，老师喊她去办公室询问具体情况，她也只知道哭。老师还说，她从来不违反纪律，上课从来不做小动作，也不跟同学们一起玩。老师说她可能是自卑。你说我们家条件也不错，孩子学习也不差，怎么可能自卑？”

人本主义心理学先驱，个体心理学的创始人阿尔弗雷德·阿德勒认为，每个人都有不同程度的自卑感，但拥有自卑感并不就是坏事，因为自卑感能促使人们去追求卓越，追求成功，只要处理得当，自卑感也可以变成努力和成功的催化剂。

自卑是一种消极的自我评价或自我意识，是指在跟别人比较时，因为低估自己而产生的一种不如别人的情感体验，这种情感包括惭愧、羞怯、内疚、悲观、失望等。

孩子的自卑感源自哪里？阿德勒认为孩子普遍存在自卑感，这是因为每个孩子都需要在成人的庇护下生存，需要依赖于成人才能生活，且一切举动都受成人的控制，跟成人相比，孩子的身体弱小，于是孩子就会认为自己很渺小，并且没有发言权，所以他必须谦恭有礼，安安静静，于是便有了自卑感。对于那些身体有缺陷的孩子更是如此。

经常有些妈妈说："我家孩子以前很自信啊，怎么现在突然自卑起来了呢？"这是因为自卑是一种主观的情感体验，孩子的自卑问题一般隐藏得比较深，开始只出现一点苗头时通常妈妈没注意，等到后来发展严重时妈妈才发现。所以妈妈平时要注意观察孩子的言行，看看自己的孩子是不是有这方面的倾向，如果有，赶紧加以正确的引导，以免情况加重。

妈妈在观察孩子言行时要注意，因为每个孩子的性格不同，生活的环境也不同，所以外在表现形式也各不相同，妈妈要根据自己孩子的表现具体分析。通常自卑的孩子具有以下几点表现：

过度害羞

对于普通孩子，如果稍微有点害羞，这是正常的，但如果过度害羞，比如出现害怕见到陌生人，害怕认识新的小朋友，跟人打招呼时躲在家长背后，上课不敢举手发言，回答问题时声音很小或不敢回答等，这些行为都有可能是因为孩子自卑引起的。

过于敏感

有的孩子被父母或老师批评后，情绪非常低落，有的则是大发雷霆或乱发脾气，这些孩子性格都比较敏感，他们非常介意别人对自己的态度和评价。

害怕挫折

每当学习或生活中遇到困难，有的孩子就会采取退缩或回避的态度。比如：考试成绩不太好时，就跟那些成绩更不好的孩子比；题做不出来时很快就会放下，去做别的事；学什么东西遇到困难时，就不再坚持。

没有主见，做事犹犹豫豫

对父母依赖性强，做事不果断，总是摇摆不定，缩手缩脚，事后又为之前所做的决定后悔，并为此焦虑不安。

对自己评价很低

有一些孩子会说“我真笨”“我不行”“我不敢”等负面词语，如果偶尔说说可能是孩子自嘲，但如果孩子经常这么说自己，那妈妈就应该注意了，孩子可能已经自卑了。严重一些，孩子会认为自己努力也是白费工夫，于是就自暴自弃；再严重一些还会出现自虐行为，比如生病不愿意吃药，故意在大街上乱窜，或故意让自己身处险境或困境中等。

注意力难以集中

有的孩子在学习或游戏时很难长时间集中注意力，这也可能是因为自卑心理在作祟。

过分追求表扬

有的孩子看起来很积极，总是希望获得第一，有时为了获得第一，甚至会采取作弊等不诚实、不恰当的方式。如果得不到表扬就会非常难过，有的甚至会非常愤怒。这类孩子的内心其实非常脆弱，他们会比正常孩子更追求家长和老师的表扬，有时还会贬低、嫉妒那些得到表扬的孩子。

过于在意他人的评价

有一类孩子是老师、家长口中的“好孩子”，他们看起来彬彬有礼，非常懂事，总是谦让别人，有时他们“懂事”得都让人心疼。其实这样的孩子内心很自卑，他们害怕给父母丢脸，害怕小伙伴不跟自己玩，所以特别在意别人对自己的看法。

不敢探索新事物

孩子比成人有更强烈的好奇心，他们对新鲜事物很感兴趣，但内心自卑的孩子恰恰相反，他们不愿去探索新鲜事物。比如换了新班级、新同桌，自卑的孩子往往不愿意主动去认识了解新同学，自卑严重的孩子甚至无法适应新环境，最终导致不愿去上学。

为什么孩子会产生自卑感呢？除了阿德勒说的先天因素外，还有环境因素、个人因素。

不良的家庭环境是导致孩子自卑的直接原因。家庭环境是孩子出生后最先接触的环境，如果家庭教育环境不好，孩子非常容易产生自卑心理。心理学家研究发现，童年时期是对人心理和行为产生深刻而久远影响的关键时期。如果在童年时期便形成了较为严重的自卑感，那么孩子在以后的成长过程中也会深受其影响，所以家长在陪伴孩子成长时一定要注意自己的言行，尽量不要有以下行为：

1. 经常数落孩子

如果孩子是在过分严厉而缺乏关爱、专制而缺乏民主的环境下长大的，这样的孩子往往会产生较强的自卑感。这是因为孩子在小的时候心智发育还不成熟，还没有形成自我认知能力和自我评价意识，如果此时父母过多地批评和数落孩子，就会让孩子看不到自己的优点，有的父母经常对孩子说“你怎么这么笨！”“你看看人家……多好！”“你真是干啥啥不行！”等，久而久之，孩子就会对自己的能力产生怀疑，然后慢慢自卑起来。

2. 期望过高

很多家长都对孩子有较高的期望，有的虽然嘴上没说，但是孩子能从父母的言谈举止中感受得到。只是孩子的心理承受能力和其他各方面能力都还没成熟，有时期望过高会导致孩子无法达到，而接连失败则会让孩子产生“我不行”的挫败感，进而导致孩子从自我怀疑逐渐走向自卑。

3. 大包大揽

有的妈妈对孩子极其溺爱，恨不得什么都给孩子代办了，其实妈妈这样做对孩子一点好处都没有。妈妈的行为增加了孩子对父母的依赖性，让孩子从小缺乏自信，觉得自己是无能的，一旦他发现自己不会的别的孩子都会时，就容易产生自卑感。此外，妈妈的大包大揽让孩子根本没有机会去锻炼，这样会导致孩子的动手能力、独立生活能力都比较差，以至于跟同龄人相比相差很多，从而产生自卑感。

此外，有些孩子因为生活在破裂家庭或不完整的家庭，从小没有得到足够的父爱或母爱而产生自卑；有的孩子因为家庭经济条件不如别人而感到自卑；有的孩子可能觉得自己的外表不如别人而自卑；有的孩子因为父母的职业而自卑等。

心理学研究表明，自卑还跟孩子的性格、气质有关。性格内向、气质抑郁的孩子对事物的感受性强，所以对消极后果的感受也很强。如果这些消极体验不能及时得到宣泄和排解，那么很容易产生自卑心理。

研究还发现，一些生理上的不足也容易引起孩子的自卑心理，比如外貌、体重等。有研究对 628 名中学生的自卑感进行调查分析后，发现女生的自卑感比男生更强烈，高中生对外表的自卑感比初中生更强烈。

当妈妈发现自己家的孩子自卑时，不要着急，在成长过程中孩子或多或少都会存在自卑感，这是很正常的现象，只要不是特别严重，通过正确的引导都能超越自卑。从前面分析我们也能看出，孩子产生自卑心理很多时候是因为教育方法不当造成的。想要帮助孩子超越自卑，妈妈可以尝试 下面做法。

多表扬孩子

中国父母大多喜欢夸别人家的孩子，对自己的孩子则是多加指责，总觉得只要一表扬孩子，孩子就会骄傲。有的父母觉得自己家孩子这也不如别人，那也不行，弄得孩子一点自信都没有。这样的教育方式真的好吗？想想自己曾经还是一个小孩的时候，是不是也很讨厌这样的父母？那么你还要这样对待自己的孩子吗？

不要吝啬表扬孩子。当孩子做了一件对他来说很了不起的事情时，要及时进行表扬；当孩子做得不好时，不要批评，而要多鼓励；面对孩子可能会遇到的一些学习或生活中的挫折，家长应该正确引导。

帮助孩子正确认识自己

每个孩子都有自己擅长的地方，比如有的孩子学习好，有的孩子唱歌好，有的孩子家务做得好，有的孩子东西收拾得特别整齐，有的孩子手很巧……作为家长，要努力发现并挖掘孩子的优点，并给予肯定，以此来帮助孩子客观全面地认识自己，这样不仅可以帮助孩子增强自信心，而且有助于克服自卑心理。

转移孩子的视线

当发现孩子因为身高、外貌、生理等很难或无法改变的问题而自卑时，家长应适当转移孩子的视线，引导孩子不要过多关注自己的弱势，让他们将注意力转移到自己的优点上，以此帮助孩子找到自信，进而走出自卑。

如果孩子因为成绩差而自卑，家长就不要再埋怨孩子了，过多的埋怨只会加重孩子的自卑感，对成绩丝毫没有作用。家长应该将孩子的注意力转移到他感兴趣、擅长的事情上，让孩子从别的方面体验到成就感，从而驱散因成绩不好而带来的自卑感。

强化孩子的弱项

当家长发现孩子的弱项后，应有目的地进行强化训练。比如，有的孩子不愿跟人交往，那么家长可以带孩子多接触一些陌生人；有的孩子不善言辞，那么家长可以多创造一些让他当众讲话的机会。

成功的经验，会增加孩子的自信，而失败的教训则会增加孩子的自卑。有心理学专家认为，让孩子去做那些他不敢做的事情，这样有助于提升孩子的自信心。因为每实现一个目标，孩子都会体验到成功的喜悦，这种喜悦会让孩子更有自信，并达到更高的目标，从而超越自卑。

在引导孩子走出自卑时，家长一定要注意自己的言行，要有足够的耐心，并控制好自己的脾气，避免功亏一篑。

不再自我禁锢，外面的世界真美

礼拜六一大早，滚滚妈妈就接到月月（白滚滚的同学）妈妈的电话，想邀请滚滚一家一起去动物园玩，滚滚妈妈答应了。

两家人来到动物园后，滚滚的嘴就没停过。看到老虎，滚滚一会儿问爸爸老虎咬不咬人，一会问妈妈老虎会不会爬树，还问老虎脸上为什么会长个“王”？看到孔雀，滚滚又问为什么有的孔雀有漂亮的大尾巴，有的却没有，还有为什么孔雀要开屏？

滚滚妈妈跟月月妈妈抱怨道：“我们家滚滚太聒噪了，问题又多，有的我们都不知道怎么回答。”

月月妈妈小声说道：“唉，我倒希望月月像滚滚那样话多呢，但她根本不爱说话，就是在家都不跟我们主动说话，问她什么也是用一两个字简单回答。她好像对什么都不感兴趣，一点好奇心都没有，根本不像一个孩子，都愁死我了。她从上小学开始，就没有一个朋友，除非我们张罗，否则她从不邀请同学到家来玩，即便我们邀请了同学，她也不愿意跟同学一起玩。我带她看了心理医生，医生说月月性格有点孤僻。唉，你说再这样下去，孩子以后怎么融入社会？！”

通俗来讲，孤僻就是我们常说的不合群，是指不能与他人保持正常的关系，常常有离群索居的心理。性格孤僻是 3 ~ 7 岁儿童常见的心理障碍之一，据一些学者推算，目前我国大约有 30 ~ 50 万儿童性格比较孤僻，在中学生群体中，性格孤僻者大约占 5% ~ 8%。

孤僻的人大多属于内向型性格。他们通常不愿跟其他人接触，对别人也很冷漠；有时还厌烦、鄙视周围的人，对别人常怀有戒备之心；他们猜疑心重，容易神经过敏；他们喜欢独来独往，经常不跟别人互动，也没有朋友。

研究表明，虽然有些孩子有一些类似于孤僻性格的特点，不太合群，但只要不影响正常生活，那么就不是真正的孤僻者。家长要明白，孩子性格不同，并不是每个孩子都能“合群”。

真正的孤僻是自我禁锢，是无法与其他人建立良好的关系，而且对于与自己无关的事，他们一律不关心，跟别人交往也很敷衍。孤僻的孩子除了不爱说话，不喜欢跟其他孩子玩耍，不跟别人交往、打招呼外，别人跟他说话、打招呼，他也没有反应。即便是自己的亲人，他也没有想亲近的感觉，也不愿意交流，只喜欢自己一个人玩，对社交完全没有兴趣。准确讲，他根本不关心其他人，对别人说了什么、做了什么、发生了什么事，他根本不关心。如果孩子有这些特点，那么家长就要重视了。

孤僻性格会让孩子感受不到友情带来的快乐，体会不到人世间的温暖，看不到生活的美好，这样会让他们的内心很苦闷、压抑。这种状态如果不及时加以调整，孩子便容易就此消沉、颓废下去。孩子长期受这些消极情绪的影响，身心都会受到严重损害。当家长发现孩子有孤僻倾向时，一定要引起注意，努力帮助孩子走出孤僻。

想要帮助孩子走出孤僻的困境，首先要明白造成孤僻的原因，然后对症下药，才能事半功倍。导致孩子孤僻的原因除了先天的遗传因素外，主要有以下几点：

幼年的不幸遭遇

精神分析理论学说的创始人弗洛伊德曾经强调：婴幼儿时期的经历和经验对人格的形成和发展有着重要作用。2018 年，美国的一项心理学研究部分证实了弗洛伊德的理论。研究发现孩子在 5 岁之前遭受的虐待或忽视是不可逆的，影响也是终生的。

跟其他几个原因相比，孩子在幼年所受的挫折和创伤是导致孩子孤僻的主要因素。研究表明，如果孩子在童年就经历父母离婚，那么所受的伤害也较大。因为大多父母在离婚前会经历较长时间的争吵期，这一期间孩子很难感受到家庭的温暖，有的孩子甚至还会成为父母争吵的导火线或迁怒的对象。在这样的环境下，孩子会恐惧、烦恼、孤独、焦虑，这些不良情绪会给他们的幼小心灵留下深深的印记。父母离婚后，周围人异样的眼光，还有一些风言风语以及同学的嘲笑都会给孩子留下巨大的心理创伤。有的孩子为了逃避这一切，只好将自己封闭起来，好让自己不再受到伤害，从而形成了孤僻的性格。

此外，还有一些情况也会导致孩子出现孤僻倾向，比如：亲人突然离世，家里经济突然下滑，家庭遭遇重大变故，进入一个陌生的环境，家庭不和睦，父母经常吵架或训斥孩子等，在这些情况下，孩子如果承受不了，也会将自己的内心封闭起来，从而出现退缩、孤僻等倾向。

缺乏交际能力和方法

美国华盛顿大学的心理学家菲利普斯研究发现，很多儿童孤僻是因为幼年时期没有学到正确的社交能力和方法。这样的孩子在跟其他孩子交往时更容易遭受拒绝、耻笑或打击，从而使得孩子的自主性受到伤害。随着不好体验次数的增加，孩子对社交会产生恐惧，对交往也失去信心，慢慢便将自己封闭起来。越封闭，越不与人接触，社交能力也就越差，最后孩子只会越来越孤僻。

家庭、学校的教育不当

在孩子成长过程中，家庭和学校的教育起着至关重要的作用。孩子性格养成的第一场所是家庭，学校则是孩子性格形成的第二场所。

有的家长对孩子过分溺爱，让孩子养成了以自我为中心的坏习惯，导致没法跟别的孩子很好相处；有的家长担心孩子会被别的孩子欺负，于是将孩子关在家中，让他独自玩耍；有的家长对孩子很粗暴；有的则是冷嘲热讽，这些行为让孩子很小就产生了烦躁、焦虑等不良情绪，从而变得过分敏感、自卑冷漠，不敢相信别人，最终形成孤僻性格。

学校是孩子接触时间最长的一个集体环境，对孩子的性格形成有着重要影响。如果孩子在学校经常受到肯定、表扬和尊重，则有利于形成积极乐观的性格；如果孩子经常在学校受到否定、批评和轻视，则容易形成消极自卑的性格，进而可能发展成孤僻。

作为家长，应该根据孩子的实际情况找出背后的成因，并有针对性地进行调整。下面方法可供参考。

多给孩子制造交往的机会

研究表明，孩子之间的交流有助于克服孤僻心理，有助于扭转孩子失调的心理状态，帮助孩子走出孤僻困境的最佳方案就是增加他们与别人交往的机会，就像本节月月的妈妈那样，邀请白滚滚一家跟她们一起去动物园。

现在我国大多家庭都只有一个孩子，平时除了上学，接触其他孩子的机会也很少，妈妈们可以在假期多组织一些外出游玩活动，让孩子从电视、手机、书本中走出来，跟同伴们一起玩耍，有意识地锻炼孩子们的交际能力。不要小看交际能力，我们每个人都属于这个社会，在社会生存离不开跟他人的合作，交际能力的好坏与个人的成长及生活密切相关。家长不要因为孩子间偶尔的一些不愉快、争吵，就把自己的孩子“保护”起来，多鼓励他们走出去跟同伴交往，鼓励他们自己化解交往中遇到的一些问题，这样孩子才能真正成长起来。

主动教孩子一些交往技巧和方法

在成长过程中，家长要有意识地教孩子一些交际方面的技巧和方法。家长的言行是孩子最早的学习教材，想要孩子能愉快地跟别人相处，家长在跟别人相处时就要注意自己的言行，给孩子树立一个好的榜样，不要因为一时冲动而给孩子做反面教材。除此之外，家长还可以主动去看一些人际交往方面的书籍，将一些好的方法讲给孩子听。当孩子遇到一些人际关系中的问题向家长求助时，家长要耐心分析讲解，不能责骂孩子或随意给出办法，你现在的一句话对孩子的影响可能会是一辈子。

作为家长，要有责任心，有时间就多陪陪孩子，经常跟孩子互动，有意识地锻炼孩子的胆量，培养孩子的幽默感，帮助孩子掌握一些交友技巧，努力使孩子成为一个受欢迎的人。

培养孩子正确的挫折观

当孩子拥有了正确的挫折观，就能正确看待人际交往中的失败，就不会因为交往中的一些失败而否定所有人，更不会将自己封闭起来走向孤僻。当孩子遇到挫折时，父母应及时安慰孩子，鼓励孩子自己去面对、去解决，引导孩子去探索出现挫折的原因，引导孩子找到解决问题的办法，而不是越俎代庖家长直接去解决，只有这样孩子才能不断成长起来。

进行正确的家庭教育

家庭是培养孩子交际能力的第一所学校，所以家庭教育方式对孩子人际交往能力的影响很大。大多孩子都会在跟父母的情感交流中学会一些基本表达和沟通技巧。父母对孩子太过溺爱或太过粗暴，都会让孩子产生烦躁、焦虑等不良情绪，从而诱发孩子的消极心理，导致孩子性格孤僻。父母在教育孩子时要把握好度，以此帮助孩子养成良好的性格。

此外，家庭的和睦与否对孩子的性格形成也有很大影响。父母有什么问题一定要及时沟通、解决，努力给孩子一个温暖的家，让孩子在温馨的环境下健康成长。

多关心孩子

现代社会大家的压力普遍都很大，一些家长为了给孩子创造好的经济条件，不得不牺牲一些本来用于陪伴孩子的时间，这会导致孩子错以为自己被父母忽视了。孩子对自己家庭地位的判断主要来自父母，当他们发现父母对自己关心减少时，就会觉得自己不被认可，不值得被关心，于是就会产生不安的情绪，在人际交往中也会逐渐自卑起来。为了孩子的心理健康，父母一定要多抽时间陪伴孩子，让孩子能清楚感觉到你对他的爱。

当父母发现自己的孩子有孤僻倾向时，不要太过焦虑。对于情况不是很严重的孩子，只要用心都能慢慢引导过来，其实孤僻的孩子也有很多优点。

孤僻的孩子喜欢沉浸在自己的内心世界里，所以想象力通常会很丰富，时常会有一些创造性的想法。孤僻的孩子因为在意他人的看法，一般心思都很细腻。有些孤僻的孩子不是不善于交往，而是不愿跟别人交往，对于这类孩子，父母只要稍加引导，也许孩子就能成为一个很好的“交际达人”。

别大包大揽了，成长需要放手、鼓励和肯定

接到老师打来的电话，可可妈妈气坏了，原来可可又没值日就跑了。

“你说你怎么这么懒？连班级值日都不做！说过你多少次了，就不能改改吗？”妈妈生气道：“在家你从不做家务，自己的书桌也不收拾，被子从来都不叠，都是我帮你做。就连起床都要我每天催八百遍才起。可可，你什么时候能不这么懒？”

“妈妈，我也不想这样，但是我就是控制不住自己啊，一看到要干活就想溜。你们不是经常说我是个天生的‘懒孩子’吗？”可可无奈道：“妈妈，我很小的时候是不是就很懒啊？”

可可妈妈陷入了回忆中，眼前浮现出一幕幕场景：

小小的可可正奋力挣脱妈妈的手，想要挪动小短腿自己走路，但妈妈却害怕她摔跤，一直扶着她；

小可可想要拿勺自己吃饭，妈妈却嫌她弄得到处都是饭粒，并且吃得太慢，于是妈妈夺过可可的勺子开始喂她吃饭；

小可可想帮妈妈擦桌子，但怎么擦也擦不干净，妈妈责备道："你真笨，这都干不好！"说完，抢过小可可手里的抹布，自己擦了起来；

已经有些晚了，小可可还在埋头画画，妈妈走了过去问可可怎么还没画完，可可说要画一座很大很大的漂亮宫殿，里面有很多很多房间，还有很多美丽的花，所以还没画完，妈妈嘲笑道："你真笨，少画一点不就行了。"

类似这样的事还有很多，妈妈心想：可可小时候也不懒，她从什么时候开始变成一个"懒家伙"的呢？从什么时候开始，她喜欢将事情都推给别人？从什么时候开始，她写作业拖拖拉拉？

可可不是天生就懒，那为什么会变成现在这副样子呢？从可可妈妈的一些回忆可以看出，一切都源于妈妈的"不忍心""怕费事""没时间"。是的，世界上根本没有天生"懒惰"的孩子，只有"懒得教""不会教"的大人，就是这些自命不凡的大人造就了这些"懒惰"的孩子。

大包大揽的父母

孩子懒惰的主要原因就是父母将孩子所有的事情都大包大揽了。现在的孩子学习任务比较重，有的父母担心干家务会耽误孩子的学习，于是就跟孩子说："你只管学习，其他什么都不用管。"就是这个"什么都不用管"，造就了一大批懒惰孩子。

从小在这种思维模式下长大的孩子，除了学习还会干什么？这样的孩子生活自理能力很低，很多事都不会做，只能依赖别人，他们依赖父母已经成为习惯。慢慢这种依赖的习惯会演变成"懒得去做""懒得尝试""懒得去想""让别人帮我做吧""都是别人的原因"等思考方式，再慢慢就发展成了懒惰的性格。养成懒惰性格后，孩子遇到稍微难一点的问题，不管是生活上的还是学习上的，都不愿再去思考，不愿再想办法，最终不是依赖别人去解决，就是直接放弃。

所以家长们，不要再对孩子的事情大包大揽了，让他们自己做一些力所能及的事情吧，这样不仅不会耽误学习，还会从小锻炼他们动手和独立思考的能力，让他们远离"懒惰"思维，以后遇到什么困难自己都会积极想办法去解决。

过分溺爱孩子的父母

孩子不管是懒于动手还是懒于动脑，多多少少都与家长的溺爱有关。现在独生子女比较多，通常都是六个长辈关心一个孩子，真的是捧在手里怕摔了，含在嘴里怕化了，孩子衣来伸手，饭来张口，什么事都不用考虑：家里的大事小事不用帮忙；饭菜放温了才端来，怕烫着；衣服都是家长提前找好，放到眼前；跟同学有矛盾了，家长出面解决；学习遇到一点麻烦，父母马上帮忙……这样的家长根本不给孩子自己动手和动脑的机会，长此以往，孩子就懒惰起来，慢慢地，他们什么事都懒得去做了。

经常责备孩子的父母

每当孩子想要独立完成一些事情的时候，父母不是强制孩子按照自己的方法去做，就是对孩子的结果大加责备，这样会导致孩子慢慢失去做事的兴趣，受打击的次数多了，孩子就会心灰意冷，再也不愿尝试，于是就变成了一个“懒惰的孩子”。

懒惰的父母

父母是孩子的榜样，如果父母在孩子很小的时候就非常懒惰，那么孩子从小耳濡目染也会养成懒惰的性格。当你觉得孩子懒惰时，可以自我反省一下，是否自己给孩子塑造了懒惰的形象。

不要觉得孩子就是懒点而已，没什么大不了的，懒惰正在毁掉孩子的未来。个体心理学家阿德勒认为懒惰的孩子正在“享受”懒惰带给他们的好处。因为在别人眼里，他们是懒惰的孩子，所以他们不用背负过多的期望，当他们没什么成就时，就可以用懒惰搪塞过去。

阿德勒还认为，很多时候，孩子的懒惰只是用来缓解自己处境的一种手段。孩子会把自己的毫无建树归咎于懒惰。这样一来，当孩子没什么成就时，大家就不会指责孩子笨，而会认为是因为孩子懒。相对被别人说笨，孩子更喜欢被别人说成懒惰。

对于那些毫无建树的孩子来说，懒惰是最好的借口，可以用来掩盖其他诸如能力不行、不够聪明等真实原因。我们通常会认为那些懒惰的孩子之所以没有取得成就，主要是因为他太懒了，如果这孩子不懒，肯定能做得很好。懒惰孩子的背后通常隐藏着这样的小心思。对懒惰的孩子来说，懒惰就是他们的“保护网”，即便没有取得一些成就，也能让他们免于受伤害。

怎样让孩子从这个懒惰的“保护网”中走出去，勇于面对自己的问题呢？这需要家长改变以往的观点和做法，用科学的方法去对待孩子。

学会放手，孩子的事让孩子自己去做

家长要注意，不要再越俎代庖！像起床上学、穿衣服、背书包、写作业等这些属于孩子自己的事情，要学会放手，让孩子自己去做。孩子在做的过程中，你可以适当给予帮助，但是千万不能代替或强迫孩子完全按照你的想法来。要给孩子试错的机会，让他们从错误中学到经验教训。比如起床，有些孩子有赖床的习惯，妈妈提前跟孩子说好，让他们学会自己早起。可以给他们买个闹钟，让他们学会管理自己的时间。如果孩子晚了也不要叫他，对于晚起的后果也让他自己承担，这样孩子慢慢就会改掉一些不良习惯，养成一些好的习惯。

让孩子学会承担后果

家长要让孩子从小就学会为自己所做的事情承担后果。只有这样，孩子以后再遇到问题时，才会主动思考要如何处理，而不是由着自己的性子。比如，当孩子不愿吃饭时，家长将不吃饭的后果告诉孩子，然后让孩子自己决定吃不吃。如果不吃，那么没到下顿饭点就不给他东西吃，等孩子体会到饥饿的滋味后就长了记性，以后就不敢轻易再试了。

在纠正孩子相关问题时，家长一定要坚持原则，不能因为担心孩子就打破原则，爱孩子不是溺爱，而是要有节制地爱。家长要明白，只有孩子从小养成良好的习惯，以后的路才能走得更加顺畅。

不要太过放任孩子，有时可以适当强迫

有的父母提倡快乐教育，当孩子表示不想学某样东西时，家长就听之任之。如果孩子每学一样东西，没学多长时间就要放弃，这时家长就不能再放任孩子了，因为遇到困难就放弃可不是什么好的习惯，家长要及时发现孩子的这个苗头，然后果断制止，这样孩子才能养成坚韧的性格。说服孩子坚持的时候，家长要采取适当的方法，不要采取暴力手段，要让孩子明白不是所有的事情都能随心所欲，有些事虽然不愿去做，但是也必须面对，要培养孩子直面困难的勇气。

培养孩子的兴趣，让他们去做喜欢的事

对于一些什么都不愿去做的孩子，家长要仔细观察，发现孩子的兴趣，然后从孩子的兴趣入手，让他们积极行动起来，然后再伺机慢慢加入一些孩子不喜欢去做但却必须要做的事情。通过这样慢慢引导，纠正孩子不愿动手、动脑的习惯。

要及时肯定孩子的进步

有的家长对孩子的教育太过于严厉，喜欢用打压的方式来教育孩子，这样很容易让孩子产生自卑心理，从而不愿意再努力向上，于是慢慢变得懒散。家长要避免这样去教育孩子。虽然不能娇惯孩子，但对于孩子平时取得的一些成绩以及进步，家长要及时鼓励，并给予肯定，这样孩子做事才会更有动力，也更容易做好。

静下来，慢下来，很多“坏事”变好事

“妈妈，你早点做饭，我吃完饭要复习功课，我们下周要测试。”白滚滚一进家门就喊道。

“知道了。”妈妈无奈答道：“滚滚，家里盐没了，你去超市买一袋，另外还要买……”

妈妈还没把“一瓶醋”说出口，滚滚就跑了出去，等妈妈跑出门去追，滚滚早已不见踪影，没办法，妈妈只能算了。

吃完饭，妈妈陪滚滚写作业。检查的时候，妈妈发现有一道数学题错了，应该是儿子没仔细读题造成的，于是就让他重做。滚滚接过本子，拿起橡皮就急忙擦起来，结果用力过猛，不小心将本子擦破了。没办法，滚滚只得撕掉重写。

滚滚生气了，写得非常用力，差点把铅笔都弄断了，妈妈提醒道："儿子，你轻点、慢点，小心又出错，那样还得重写，多浪费时间。"在妈妈的监督下，滚滚顺利将作业写完了。

写完作业，滚滚马上将所有课本都拿出来放在书桌上，一会儿看看这本，一会儿又翻翻那本，一边翻一边着急地说："这么多，什么时候才能看完？"

妈妈惊讶地问："儿子，你今天就要把所有的书都看完吗？"

滚滚飞快地说："妈，马上就要考试了，我不看完怎么行？"

妈妈安慰道："不是下周才考试吗？儿子，你慢慢看能看完。"

滚滚气愤地看着妈妈，大声嚷嚷道："慢慢看怎么能看完？！看不完书我怎么能考好？！"

看着急得团团转的滚滚，妈妈也不知道怎么办，不知道怎么做才能把滚滚这急躁的性格改一改。

1+1=2
2+2=4
2+3=5

儿子，你轻点、慢点、小心又出错，那样的话还得重写……

你今天就要把所有的书都看完吗？不是下礼拜才考试吗？慢慢来也行……
慢慢看怎么能看完，看不完怎么能考好？！

在孩子成长过程中，估计不少家长都有过滚滚妈妈这样的烦恼，面对孩子急躁的性格真不知该如何是好。急躁是因神经系统兴奋而产生的一种情绪。跟大人相比，孩子神经活动的兴奋性较强，但是抑制性较弱，所以注意力不能持久，一般只能保持5 ~ 10分钟左右，超过这个时间，孩子就会急躁。急躁的孩子往往缺乏耐心，学习上虽然很快就能进入状态，但是一旦遇到一点挫折就容易灰心失望，最后很难达到预期目标。

急躁的孩子往往会急于达成目标，一旦事情进展得不顺利，就会引起更加急躁的情绪。他们无法冷静下来客观分析问题，通常会带着赌气的心理花费更大的蛮劲去对待困难，有时甚至不顾一切，像个疯子一样向困难发动猛攻。如果没有取得效果，或者没有达到他们的预期，他们就像泄气的皮球，很快失去跟困难做斗争的勇气。

性格急躁的孩子还容易发怒。当性格急躁的孩子遇到一些让人生气的事时，一般很难控制自己的脾气，往往是大发雷霆，有时还会做出一些伤人伤己的事情，这严重影响了他跟周围人的关系。人际关系的不和谐，反过来又加重了孩子的急躁，导致孩子长期处于性格急躁的折磨中。

孩子之所以形成急躁的性格，主要原因有以下几点：

1. 年龄因素。婴幼儿时期，因为语言发展没有跟上，导致孩子没法将自己各种各样的需求和感受都表达出来，于是就会产生非常强烈的急躁、不安等情绪；当孩子长到三岁左右，慢慢有了自我意识，开始以自我为中心，稍不如自己的心意就出现急躁情绪，这也是孩子成长的一个阶段，此时如果孩子表现急躁，家长应该好好引导；当孩子七八岁时，他们开始出现强烈的求知欲，不过因为自身能力有限，很多问题可能得不到及时解决，此时孩子也容易急躁。

2. 生理因素。如果孩子的中枢神经调节能力受到损伤，就会导致前额叶区皮质功能不全，那么孩子就无法保持注意力，一旦需要专注的时间较长，孩子就会表现得较为急躁。此外，如果孩子大脑中的海马结构出现了问题，也会导致中枢神经抑制功能减弱，使得冲动或急躁情绪得不到抑制。

3. 环境因素。孩子很小就善于学习。很多孩子之所以形成急躁的性格，跟家庭氛围有很大关系。研究发现，当父母急躁、争吵较为频繁时，孩子更容易形成急躁的性格，所以，父母要给孩子创建一个温馨和谐的家，在孩子面前，父母尽量不要争吵，不要表现出急躁、焦虑的状态。一个酗酒、争吵、冷漠的家庭是很难养出一个性格正常的孩子的，为了孩子的健康成长，父母一定要注意自己的言行。

有的父母把学习当作孩子的唯一目标，把学习成绩作为评价孩子的唯一标准，对孩子的一些个人意愿根本不管不顾，这样也会让孩子产生急躁情绪。

4. 家长的过度溺爱。家长对孩子过度溺爱，从小对孩子的几乎所有要求都一一满足，随着孩子慢慢长大，他的要求也越来越多，当家长无法再满足孩子的要求时，孩子马上形成心理反差，这时很容易产生急躁情绪。此时孩子可能会通过发脾气来“威胁”家长，如果家长选择了退让，孩子会认为可以通过急躁情绪来满足自己的要求，于是以后每当孩子的要求得不到满足时，他都会通过急躁情绪来“威胁”家长，于是急躁情绪就得到强化，慢慢孩子便形成了急躁的性格。

5. 缺乏独立性教育。家长如果不对孩子的独立性进行训练，孩子就会形成依赖心理，而依赖心理就是孩子急躁性格形成的土壤。有的家长，什么事情都替孩子做好，什么事都迁就孩子，将孩子养成了离开父母就不知所措的“巨婴”。这样的孩子，在生活和学习中遇到一点点挫折，遇到一点点不如意，就会急躁起来。

知道了孩子性格急躁产生的原因，在陪伴孩子成长时，家长可以采取以下几项措施避免孩子形成急躁的性格：

1. 教会孩子正确估算时间和正确认识自己的能力。有时急躁是因为时间紧迫或能力不足造成的，所以孩子在制定目标和计划前，家长应教会孩子估算时间和认识自己的能力，引导孩子在自己的可控范围内制定目标。

家长应该指导孩子制定合理的学习计划，并鼓励孩子坚持下去，以此来克服孩子的急躁。在项目上，家长应根据孩子的年龄、兴趣、能力等选择适合孩子的项目。家长可以从背古诗词、成语或英语单词等方面入手，比如可以让孩子每天学一个成语，孩子每天都有一点进步，这样坚持下去一年也能学三百多个，孩子的收获也是很大的。通过这样一个过程，孩子可以体会到长久坚持一项计划所带来的快乐，从而减少了急功近利的心理，人也会慢慢平静下来。

2.改变导致孩子急躁的不良环境。家长要以身作则，改变自己急躁的性格，让孩子在一个宽松、温馨的环境中成长。如果家长自己也有急躁的毛病，可以放下家长的身份，跟孩子一起相约进行改变，两人相互监督，相互鼓励，不仅能改变不好的性格，还能增近亲子感情。

3.不再溺爱孩子。对于孩子的要求，如果合理就满足，不合理要学会拒绝。要让孩子从小明白不是所有的要求都能满足，不要一味迁就孩子，不要让孩子养成靠“闹”来达到目的的习惯。当孩子“闹”得过分时，可以进行适当处罚。在这个过程中，可能会遇到跟孩子进行拉锯战的情况，这时家长不能妥协，要知道，这时答应孩子的要求，只能平息孩子一时的愤怒，但如果让孩子养成了急躁的性格，那么以后他可能会在更多场合冲动易怒。

4.培养孩子的独立性。孩子自己能做的事，尽量让孩子自己去做，不要心疼孩子，要知道以后的路还得孩子自己去走。现在多学一项技能，以后就多一份保障。在孩子做事时，家长不要过多去干涉，不要强迫孩子按照你的方式来，要允许孩子犯错，引导孩子自己去总结经验教训。

当家长发现孩子表现出急躁情绪时，可以教给孩子一些调节心理的应急方法，引导孩子控制急躁情绪。

如果孩子是因为一些突发事件而情绪急躁，比如被同学言语激怒，跟别人发生摩擦等，家长可以告诉孩子在情绪爆发时，先默默数数1234567……让自己慢慢冷静下来。因为情绪急躁的时候，大脑皮层中控制情绪的区域比较活跃，而数数后，大脑皮层中抽象思维和数字区域开始兴奋，它们可以调节情绪控制区域，使急躁的情绪慢慢减弱。

如果孩子是因为一些伤痛刺激而长时间烦躁不安，家长可以用转移注意力的方法来化解。具体来讲，可以从孩子感兴趣的事情着手，引导孩子将注意力集中在做事的条理性上，从而慢慢让孩子的心静下来。这种方法主要是通过逻辑思维的兴奋来抑制急躁的情绪。

现在孩子的压力也不小，如果孩子因为压力而变得急躁，家长应该引导孩子学会释放压力。比如完成一项剧烈的体育运动，适当玩玩游戏，或者到山顶大叫等，以此引导孩子将心中压抑的情绪释放出去，从而让孩子内心逐渐恢复平静。

此外，妈妈还可以有意识地培养孩子的幽默感，培养孩子的耐心，多读一些书，长久坚持下去，孩子急躁的性格都会有所改善。

分享让孩子更有爱心，也更加快乐

“现在的孩子真是越来越自私了。”滚滚妈妈跟珊珊妈妈诉苦道：“昨天我让滚滚跟我一起打扫卫生，他只将自己的房间收拾好就不干了，我让他再帮忙干点别的，他居然说‘那又不是我的事，凭什么要我干？’真是气死我了！”

珊珊妈妈安慰道：“你家滚滚已经不错了，一个小男孩还能收拾自己的房间，你就知足吧。我们家珊珊真是一点活儿都不干，她眼里除了自己根本没有别人，连我和她爸爸都没有。”

珊珊妈妈叹了口气，接着说：“前几天我做了她爱吃的红烧排骨，等我炒完剩下的菜去吃饭时，一盘排骨只剩下两块了，我准备夹一块尝尝，结果她直接把盘子端走了，并冲我嚷嚷，‘你是妈妈，明知我爱吃排骨，还跟我抢？’那天我气得饭都没吃下，以前我还想她能成为‘贴心小棉袄’，现在看来简直是养了只‘白眼狼’啊。”

滚滚妈妈回应道：“你说现在的孩子都怎么了？一个个眼里除了自己根本没有别人。”

孩子之所以自私，很多时候与成长环境有关。

孩子在两岁之前还没有自我意识，无法区分“你的”“我的”的真正含义，因而也就不存在自私一说。心理学专家认为，婴幼儿之所以喜欢啃自己的脚趾头玩，就是因为他们还没有“自我”意识，不知道脚趾头是自己的，等长大知道是自己的脚趾头后就不啃了。

孩子三岁后，开始有了自我意识，并随之产生了占有欲，之后便逐渐出现自私心理和自私行为，这是孩子成长的必经阶段。心理学研究表明，孩子刚有自我意识时，他们都是以自我为中心去认识这个世界的，他们提出的任何问题都是为了满足自己，不会去考虑别人的想法。这时孩子的思维是一种“自我思维”模式，也就是“以自我为中心”，这时的孩子只会从自己的利益出发，去看待问题，思考问题。如果在孩子心理发展的早期阶段没有进行正确的教育和引导，那便很容易形成自私的性格。

孩子在成长过程中，周围环境中的一些自私行为也会影响孩子的心理。有的家长本身就自私自利，爱占小便宜，跟别人交往时斤斤计较，这些行为都潜移默化地影响着孩子。这时孩子年龄还小，根本没有明辨是非的能力，家长在孩子心里就是权威的象征，于是孩子就会盲目地去模仿，孩子的可塑性非常强，很快就将家长的“自私”学到手了。

有的家长担心自己的孩子“吃亏”，经常叮嘱孩子不要将自己的“好东西”分享给别人；有的父母担心其他孩子把贵重玩具弄坏，不让孩子把贵重的玩具跟其他小朋友分享；有的父母对孩子的自私行为不仅不教育指正，还大加赞赏，觉得自己的孩子精明，长大了肯定不吃亏。家长对孩子这种自私行为的默许和放纵，慢慢加重了孩子的自私。

此外，现在大部分家庭都是独生子女，因为是家中唯一的孩子，所以他从一生下来就收获了更多的关注，大家都围绕着他转。家里有什么好吃的、好玩的，都是孩子先来，爸爸妈妈、爷爷奶奶、姥爷姥姥都靠边站；别人孩子有的，自己家孩子也不能缺，孩子想要什么都尽量满足。除此之外，家里没有兄弟姐妹，孩子也就没有集体生活的经验，所以这种环境导致了孩子根本不懂什么是合作、分享、谦让，同时也不会主动关心他人。

自私的孩子喜欢将物品据为己有，自己的东西却从来不想给别人。有些自私的孩子还会表现出比较强的嫉妒心，如果家长称赞别的孩子，他们马上就会噘起嘴，满脸不高兴。

自私的孩子是不受欢迎的，也很难交到朋友。没有同龄孩子的陪伴，他们将很难改变以自我为中心的状态，这样的状态若得不到改变，又会进一步影响他们结交朋友，这样便很容易形成恶性循环，情况严重的还有可能导致孩子产生自卑、孤僻等心理问题。

当家长发现孩子有自私倾向时，应采取积极的措施帮助孩子加以改正，可参考以下做法。

从日常饮食开始，让孩子懂得分享

家长千万不要让孩子养成“吃独食”的习惯，否则以后但凡有什么好吃的，他也不会想到给你留一点，更不会意识到将好东西分享给大家。

在吃饭的时候，家长要告诉孩子，家里的食物是属于大家的，不是他一个人的，并且给孩子讲一些关于分享的故事。如果家里有长辈，父母要将好吃的饭菜首先夹给他们，并引导孩子也这样做，让孩子自己去体验分享。通过这些日常生活中的小事，慢慢让孩子学会分享，学会孝敬长辈、关心父母。

从家务劳动开始，弱化孩子的自私倾向

父母要引导孩子做一些力所能及的家务。比如周末一家人一起做卫生，这时妈妈千万不要让孩子只收拾自己的房间，如果每次都只收拾自己的房间，那么孩子就会认为只要完成自己的事情就可以了，这样会加重孩子的自私倾向；还有平时吃完饭后，可以轮流收拾碗筷，如果孩子不愿意，父母可以告诉他之前是别人为他服务，今天轮到他来为别人服务了；家里来客人的时候，妈妈可以引导孩子主动招待客人，比如为客人倒水、拿水果、点心等，客人的表扬与称赞会让孩子体验到更多分享带来的快乐。

取消孩子在家中的“特殊”地位

日常生活中不要再给孩子一些“特殊”待遇了，让孩子明白他在家里的地位跟其他家庭成员是一样的，这样才能慢慢消除孩子“以自我为中心”的意识。家长要告诉孩子，家长是应该关心孩子，但孩子也应该孝敬长辈，家里的每个成员都是平等的，大家应该互相帮助，有好吃的、好玩的，一家人应该一起享用，不能一个人独享。

对孩子提出的一些过分要求，家长不能无限制地迁就，应坚决拒绝。

多交朋友，在与朋友相处中学会分享、交往与合作

父母要多鼓励孩子去交朋友，或让孩子邀请同学到家里玩，或鼓励孩子多跟同学、朋友出去玩。在玩的过程中，父母可以引导孩子将自己的玩具、零食、图书等分享给他人。在引导孩子分享自己的东西时，父母要注意不要勉强孩子去分享他最心爱的东西。每个孩子心里都有几件对他来说具有特殊意义的物品，父母要记得尊重孩子的这份感情，不要动他最喜欢的“奶酪”。

在跟其他小朋友互动的过程中，如果发生了矛盾，只要不是很激烈，家长尽量让孩子们自己去解决。家长要放手让孩子多碰一些“钉子”，这样孩子才能真正学会如何与他人相处，学会考虑别人的感受，毕竟长大以后无论是自己创业，还是出去工作，都需要跟别人交往、合作。

戒掉强势，给予温暖，父母可以帮孩子变强大

晚上，白滚滚和爸爸妈妈在看电视，电视正好在播放一群小孩欺负另一个小孩，滚滚叹气道：“我们班的小艺也经常被人欺负。”

妈妈忙问怎么回事，滚滚说：“今天上午，小艺跟浩浩借橡皮，浩浩却让小艺叫他‘大王’，还威胁说不叫就不借给他，我看小艺唯唯诺诺也不敢吱声，马上要哭了，就主动把橡皮借给小艺，但是另一个同学小军故意用腿拦着不让小艺过来取。”

爸爸问：“后来呢？”

白滚滚自豪道：“当然是我送过去的啊。”

妈妈问道：“他们没有为难你吗，儿子？”

滚滚挥挥手臂，骄傲地说：“他们敢！他们欺软怕硬，只敢欺

负小艺，因为小艺动不动就哭，从来不敢反抗。上次小军正欺负小艺，恰好老师过来了，问怎么回事，小艺低头不吱声，小军却来个'恶人先告状'，说小艺先骂他、推他，他只是反抗而已，这不是睁眼说瞎话吗？明明是小军没事找事，但是结果更让人无语！"

妈妈忙问怎么了？滚滚气愤道："小艺竟然什么都没说，根本不敢跟老师说明真相！本来我还想替小艺作证的，结果他自己什么都不说，真是气死我了。小艺怎么这么懦弱？！"

孩子之所以形成懦弱的性格，其原因是多方面的。

一、家庭方面的原因

懦弱可能与家庭环境有关。

有的父母非常强势，在家简直是说一不二，什么事都不跟孩子商量，不会征求孩子的意见，即便孩子表达了自己的想法，父母也不会听，还是强势地让孩子按照自己的要求去做。虽然这些父母也是为了孩子好，但他们霸道的处理方式很容易让孩子变得懦弱。

通常这样强势的父母要求也非常严格，只要孩子没有做好，或者没有按照他们的想法去做，家长就会对其严厉指责，有的会冷语相向，有的可能还伴随着暴力。

在这样的家庭环境下长大的孩子，会没有自己的主见，他们因为害怕出错会表现出极度的不自信，他们不敢自己做决定，他们害怕被父母指责，害怕自己承担责任。

反省一下，你是不是经常这样跟孩子说话？

“不准哭！闭嘴！”

“按我说的去做，没有为什么！”

“我说了，不行！”

“现在马上关电视，去睡觉！”

有的父母过度溺爱孩子，将孩子的一切事情都包揽过去，导致孩子无法独立思考，不会自己做决定，无法独自面对生活中的一点风雨。

有的父母总是给孩子灌输一些“懦弱”的思想。比如不要与人争斗，凡事能忍就忍，吃亏是福，要让着别人等。有的孩子在外被欺负后，回家跟父母诉苦，父母不问青红皂白就反问孩子“为什么别人只欺负你，不欺负别人”“如果你是个好学生，别人会欺负你吗”，如果父母总是这样教育孩子，那么孩子受到欺负后就不会有反抗意识，因为他们认为自己被欺负是应该的，自己应该忍让，可能真是因为自己错了才会被欺负。

家庭不和谐也有可能让孩子变得懦弱。

在父母争吵声中长大的孩子，内心非常没有安全感。如果父母当着孩子的面吵架，甚至动手，将会对孩子的身心造成很大的伤害。家庭不和谐会让孩子感受不到家庭的温暖，容易让孩子内心感到不安和孤独，对于周围的一切，孩子都充满了恐惧，进而更容易形成懦弱的性格。

二、其他方面的原因

有的父母很少带孩子外出，孩子没有机会与其他人交往，进而导致孩子不爱说话、不合群、不会与人交往，长此以往，孩子便形成了内向、不敢跟生人说话的胆小怯懦的性格。

性格懦弱的人一般胆小怕事，遇到事情喜欢退缩，习惯逆来顺受，没有反抗精神；他们通常意志薄弱，抗挫能力差，没有进取心；他们感情脆弱，禁不起打击，心理承担能力很差。

现代社会竞争非常激烈，懦弱性格很容易成为孩子成长的绊脚石，作为成长路上的“引路人”，家长应该怎样引导孩子战胜懦弱呢？

对于因家庭原因引起的懦弱，父母应当反省自己的言行。对孩子既不能太溺爱，也不能太严厉；要注重培养孩子独立的性格，做什么事尽量不依赖别人；鼓励孩子多参加一些集体活动，多到陌生的环境中去锻炼自己，多跟陌生人交流；父母应鼓励孩子去做一些力所能及的事，以此来增强孩子的自信心，当孩子尝到成功的喜悦后，他便会更加自信。

具体来讲，父母还可以有意识地针对孩子做一些训练，比如训练孩子在说话时正视别人的眼睛，并且要声音洪亮；引导孩子敢于展示自己，可以在家举行各种小活动，比如唱歌比赛、诗词接龙、演讲比赛等，让孩子也参与进来，这样次数多了，孩子会更加积极；对于孩子的学校生活，妈妈只教孩子一些跟人相处的技巧就好，不要代替孩子去处理矛盾，尽量让孩子自己解决，这样孩子才能不断进步；对于孩子的一些进步，即便很小，妈妈也要及时表扬，以此来增加孩子的自信心，增强孩子战胜懦弱的勇气。

改变孩子要因势利导，顺势而为，千万不能强势。如果已经尽了最大努力也没能改变孩子的懦弱，那么父母也不要失望，调整好心态，全盘接受自己的孩子，努力去发现孩子弱点背后的优点。正如一枚硬币有正面也有反面，每个弱点背后肯定也有优点，比如胆大的人会比较鲁莽，胆小的人会细心，粗心的人会不拘小节，懦弱的人通常会很善良、谦让……不要因为孩子的一个弱点就将孩子全面否定，成熟的父母会理性看待孩子的一些弱点，并积极改善，坦然接受。

用耐心打开心结，让孩子学会控制自己的情绪

我们常常用“一根筋”来形容偏执的人，这样的人喜欢用自己的标准来衡量一切，用自己的喜怒哀乐来决定一切，这样的人对自己评价很高，常常把问题归咎于他人，这样的人敏感多疑又固执己见，认为只有自己才是正确的。

新学期开始，白滚滚班级转来一名叫亮亮的新同学，恰好坐在白滚滚前面。一次课间，白滚滚无意看到亮亮的后脑勺上长了一颗黑痣，黑痣上还长了根头发，滚滚觉得奇怪就偷偷拔了拔那根头发。

没曾想滚滚的这个举动惹恼了亮亮，他站起来就对滚滚拳打脚踢，一边打一边说：“叫你们都欺负我！”滚滚一边躲，一边急忙

解释道："对不起，亮亮，我只是好奇才去扯的，真的没有要欺负你的意思。"

亮亮根本不听滚滚的解释，继续追着滚滚打。班上的其他同学看到有人打架，赶紧将班主任叫来了。班主任制止了亮亮，并对亮亮打人一事进行了严厉批评。亮亮气愤道："老师，你偏心！是他先欺负我，扯我头发的，凭什么我被人欺负了还不能还手？"

班主任解释道："白滚滚同学扯你头发是不对，但只是同学间的小事情，何况他已经跟你道歉并解释了，你怎么还不依不饶？同学之间要友爱，怎么能动不动就拳打脚踢，这成何体统？"

亮亮大声喊道："我没错！我打他是因为他先惹我，欺负我！就因为我是新来的，你们就联合起来欺负我。"

班主任生气道："亮亮同学，你打人还有理了是吧？"

亮亮气呼呼地说："我说了，是他先欺负我的，总不能我被欺负了还不能还手吧？"

看亮亮根本没有意识到自己的错误，于是班主任让亮亮站着自我反省。亮亮听后越想越气，明明是自己被欺负了，老师不仅不给自己一个公道，还批评惩罚自己，这样的老师太偏心，这样的学校不上也罢，于是背上书包就回家了。

其实，亮亮在上一所学校时也觉得老师和同学总欺负自己，最后便不愿在那儿待了，爸爸妈妈没办法才给他转到这所学校的，只是没想到亮亮刚到这所学校没多久，就又因为同样的原因不愿上学了。为什么亮亮总觉得老师同学都在欺负自己呢？这跟他偏执的性格有关。

具有偏执性格的孩子在日常生活、学习中往往对某些事物非常敏感，常常“说一不二”，他们通常会有以下表现：

1. 敏感多疑。他们常常无端怀疑别人欺负、伤害、欺骗或利用自己，有时甚至曲解别人的善意举动，认为别人对自己不怀好意，对于别人的侮辱和伤害，他们会耿耿于怀，无法释怀。

2. 固执己见。他们喜欢自以为是，经常高估自己的能力，对于自己的失败和责任，他们则归咎于他人，对于自己的决定和看法，别人很难改变。

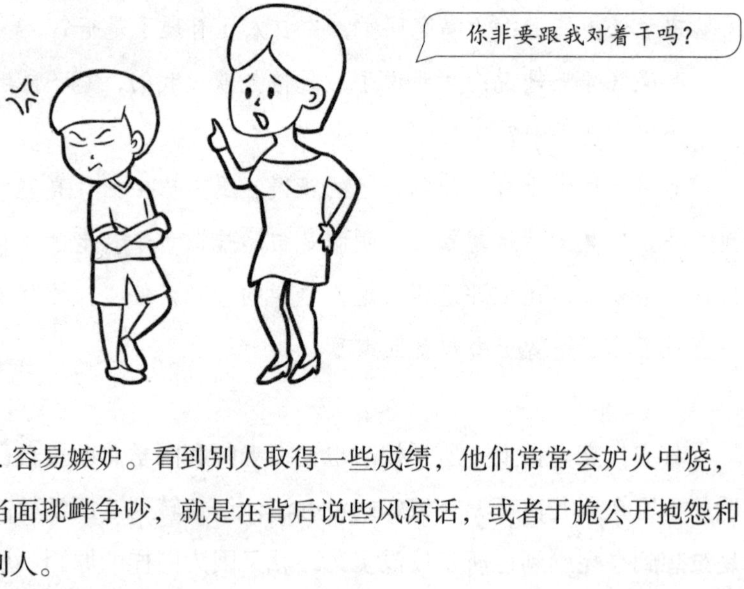

3. 容易嫉妒。看到别人取得一些成绩，他们常常会妒火中烧，不是当面挑衅争吵，就是在背后说些风凉话，或者干脆公开抱怨和指责别人。

4. 容易记恨。他们有强烈的敌意和报复心理，常常觉得自己受到了轻视和不公平的待遇，并立即报以恶言与反击。

5. 无端自卑。他们有极强的自尊心，常常要求别人尊重自己、重视自己，他们以这样的方式来掩盖自己内心的极度自卑。

6. 缺乏同情心和热情。他们不喜欢开玩笑，警惕性很高，总觉得别人会欺骗自己，所以总是提防着别人。

其实，孩子早在婴儿期就有一定的偏执心理。比如，婴儿在睡觉的时候非要睡在妈妈身边，否则就一直哭闹；还比如，给孩子换一张床后，有的孩子也会哭闹不停。之所以会这样，主要是因为这时孩子在情感上偏向于妈妈，在行为上偏向于熟悉的环境和方式。在孩子的意识里，他的周围只有特定的人群，而陌生事物的出现会打破孩子的认知，让他们缺乏安全感，于是他们就会哭闹。

等孩子三岁后，这种偏执认知将会向两个方向发展：如果孩子受积极环境的影响，偏执性就会消退；如果孩子受消极环境的影响，偏执性就会增强。因为孩子在三岁前，思维意识还没有完全成型，所以孩子的偏执会受外部环境的影响，而所谓的外部环境主要是指父母的影响。

心理学家认为，孩子养成偏执性格主要是因为遗传和外部环境，最主要是幼年时期外部环境的影响。如果孩子在三岁前，外部环境给孩子带来的是消极影响，并且在这一阶段没有人帮助孩子及时消除偏执心理，那么孩子以后就会变得越来越偏执、任性，以后就容易形成偏执型人格，而偏执型人格不利于孩子的健康成长，也不利于孩子以后的发展。那么什么样的环境会给孩子带来消极影响呢?

父母经常吵架，导致家庭不和睦，不幸福;

父母离异，导致孩子缺少关爱;

父母性格偏执;

父母经常指责、否定、侮辱或冤屈孩子;

父母对孩子要求过高，导致孩子总是受到挫折和失败;

父母过分娇惯孩子，导致孩子蛮横无理;

父母对孩子过分严厉，导致孩子无所适从……

如果孩子已经有了偏执倾向，那么家长也不用担心，可以参照下面方法陪孩子一起成长，引导孩子走出偏执:

1. 用心跟孩子交流。家长要控制好自己的情绪，用自己的耐心打开孩子的心。家长要深入了解孩子内心的痛苦，并让这些痛苦得以宣泄，在此基础上多发现孩子优秀的一面，并对其适当赞赏，鼓励孩子，协助孩子建立改变自己、重塑自己的信心。

2. 创造温馨和谐的家庭环境。父母要重新审视一下自己的性格，对不良的性格加以调整，以身作则，引导孩子改变自己。要创建一个温馨、和谐、民主的家庭气氛，尊重并理解孩子，多夸奖孩子，当孩子有所进步时积极给予表扬。多肯定、表扬孩子的优点，多给孩子一些心灵的关爱，温暖孩子曾经受伤的心，以此化解孩子对他人的敌意。

3. 鼓励孩子多跟别人交流，减少对别人的猜疑。偏执的孩子敏感多疑，习惯用灰暗消极的心理去猜测他人行为。家长应该引导孩子多跟别人沟通，这样才能更加客观全面地对事物作出判断，从而减少孩子对他人的猜疑。

4. 引导孩子多关爱身边的人。偏执的孩子会经常抱怨，抱怨现实生活的各种不如意，他们会被一种不安全的痛苦情绪所支配。为了发泄心中的痛苦，他们会经常责难他人，在他们眼里一切错误都是别人的，所以他们会觉得别人一无是处。所以，家长应引导有偏执倾向的孩子多关爱身边的人，多帮助其他同学和小朋友，让他们体会到“赠人玫瑰，手有余香”的快乐，从小培养他们对他人、对这个世界的关注，让他们跟他人能友好地相处。

5. 引导孩子控制自己的情绪。家长可以给孩子讲一些名人控制情绪的故事，或者一些因情绪失控引发的事故，让孩子明白控制情绪的重要性；当家长发现孩子的情绪要失控时，可以让孩子做个深呼吸，并及时安慰孩子；家长也可以将自己控制情绪的方法传授给孩子。

孩子的偏执性格并不是短时间内形成的，所以想要改善孩子的偏执也不是一蹴而就的，需要家长付出极大的耐心，需要家人的全力配合，并且有可能经过很长时间的努力才会有一点点效果。就是这一点点效果，如果稍不注意，只需一件小事就能让孩子退回原位，所以家人要十分用心才行。不过只要想想孩子以后都不再受偏执所折磨，以后都能快乐地成长，一切都是值得的，不是吗？

提高自我价值感，腼腆小孩变大胆

今天，滚滚一家和爸爸的几个同事及其家人相约去挖竹笋。

在竹林见到其他几家人后，爸爸带着滚滚去跟其他人打招呼。滚滚跟谢叔叔打完招呼后，谢叔叔也让他儿子跟滚滚他们打招呼，那个小男孩牵着谢叔叔的手，小声向滚滚他们问好，声音小得几乎都听不见，滚滚还发现他在问好的时候脸都红了。

谢叔叔让他儿子和滚滚一起先去竹林玩，顺便找找竹笋，结果那个小男孩拼命地摇头，说什么也不松开谢叔叔的手，谢叔叔有点不好意思地解释道："我儿子害羞，今天人多又都没见过，他有些紧张，等会儿我跟他好好说下。"

其实，害羞是一种常见的心理特征，不仅孩子会害羞，大人也会害羞，几乎每个人都有过害羞的体验。

孩子害羞的几个特征：

生理特征：面红耳赤、心跳加快、口吃、发抖、出汗、面色苍白、想要大小便等；

无理性的恐惧：对负面评价、社会情境、未知情况等充满恐惧；

过分敏感：害羞的孩子非常敏感，特别在乎别人对自己的看法，所以极力避免跟他人接触，以免受到一些潜在的批评，即便说话也不敢抬头，不敢注视他人，以免引起他人的注意。

过分关注自己：害羞的孩子在意自己，关注周围的一切，所以很难将心思全部专注在一件事情上。情况严重时，他们连游戏、跳舞、比赛等社会活动都不能接受，不管是参与还是旁观，他们都担心别人对自己的评价，所以处处都放不开。

自我价值感低：害羞的孩子自我价值感低，常常感到自卑。当他们觉得要失败时，就会担心父母、亲人不再关爱和接纳自己，于是陷入深深的自责之中。害羞不仅阻碍孩子能力的正常发挥，还会影响孩子身心的健康发展。

孩子为什么会害羞？不同心理学派有不同的解释。

一、人格特质学派认为害羞是一种遗传特质

人格特质学派认为，害羞是在高度敏感的神经系统下的一种反映，受遗传驱使，具有易激动且逃避冲突和危险的倾向。遗传学研究发现，那些父母或祖父母在童年时具有害羞特质的婴儿，拥有害羞特质的比率比一般婴儿要高。

研究还发现，对于一个陌生环境，大约有 15% ~ 20% 的婴儿会表现出退缩。在这些幼年时就表现出退缩的孩子中，到 11 岁时仍有 60% 的孩子保持这种状态。这意味着幼年时拥有害羞特质的孩子，长大后害羞倾向会更大。

对于天生害羞的孩子，家长要接受孩子的这一天性，不要太过担忧和焦虑。其实害羞也不是什么大问题，不要觉得孩了害羞就是不自信，就是内向，就是自闭症，害羞只是孩子在一些特定的环境中表现出来的一种羞怯和紧张的情绪。

如果孩子具有害羞特质，要尽量多理解体谅孩子，千万不要在公共场合批评孩子，也不要当众命令孩子去做他不会或不愿做的事情，以免引起紧张，加重他的害羞。家长要给孩子提供足够的安全感，不要让孩子感到不安。此外，在孩子跟人交往时，家长在必要时可以提供帮助，比如孩子想跟其他孩子玩但又不知道怎么办时，家长可以告诉孩子怎么说，怎么做。

当家长知道孩子具有害羞特质时，不要觉得这是缺点，也不要表现出不满和难受，以免加重孩子害羞的倾向。其实拥有害羞特质的孩子通常比较听话，不会让父母过多地操心；害羞的孩子做事比较稳妥，更容易赢得别人信任；此外，害羞的孩子通常会私底下偷偷努力，一不小心就会取得不错的成绩。

二、行为主义学派认为害羞是因为没有学会相应的技巧

行为主义学派的观点是，人类所有的反应和行为都是因为环境影响而获得的。在他们看来，害羞是一种负面经验，是因为没有学到足够的社会技巧，导致无法有效与他人互动，以至于个体进一步自我贬损而产生的反应。他们认为害羞是个体在社交中习得的一种恐惧反应，可以通过学习得到改善。

马兰里大学的福克斯用脑电图扫描仪对一组 9 个月大的婴儿脑部进行监测。面对陌生人的问候，性格内向的孩子会表现出紧张、焦虑的情绪，这时大脑中掌控忧虑、恐惧的区域也变得活跃起来；性格外向的孩子，则会把手伸给陌生人，这时大脑中掌控积极情绪的区域也变得活跃起来。

福克斯对这些孩子继续跟踪、研究，发现父母的养育方式对孩子在婴儿期具有的害羞情绪能否延续具有非常重要的影响。如果父母对孩子过度保护，或者没有鼓励孩子克服害羞及焦虑情绪，那么孩子长大后仍然容易害羞和焦虑；如果父母教育得当，让孩子从保护壳中走出，那么孩子长大后往往能克服婴儿时期的害羞。

从福克斯的研究可以看出，后天教育对孩子克服害羞是非常重要的。家长可以参考以下做法：

1. 在带孩子去一个陌生环境或接触陌生人之前，可以提前告诉孩子要去哪里，或者要见什么人，并告诉孩子可以怎么打招呼，让孩子提前有个准备，以缓解孩子的害羞。如果孩子事先知道会遇到什么情况，并知道怎么去做，那么他就不会那么紧张、焦虑，害羞情绪也能减少很多。

2. 让孩子多跟外人接触。妈妈不要将孩子总是局限在一个固定的场所，应该有意识地让孩子多接触外面的世界，多接触外面的人，比如带孩子去亲戚、朋友家，去超市、公园人多的地方，经常带孩子参加一些集体活动，鼓励孩子多跟其他小朋友玩等。如果孩子有害羞倾向，那么家长在安排孩子接触的人选时，要仔细挑选一下，尽量选择一些态度和蔼、容易亲近的人。

3. 当害羞的孩子表现出不害羞时，要及时给予鼓励。

4. 家长要给孩子树立一个好榜样。对孩子来说，身边人的言行举止对孩子有着潜移默化的影响，所以作为家长，一定要以身作则。对于孩子的一些习惯，家长应该多留心，帮助孩子克服害羞心理，培养乐观开朗的性格。

三、社会认知学家认为害羞是自己认为自己害羞，或者别人认为自己害羞

社会认知理论认为，害羞是个人因素和环境因素相互作用的结

果，也就是说害羞是个体归因和标签化的结果。

大多害羞者喜欢将自己社交失败归咎于害羞，并且其他人的偏见也容易让害羞者更加害羞。有时孩子在交往时表现出来的胆怯，也被误认为是害羞，于是就被贴上“害羞”的标签，慢慢次数多了，时间久了，孩子也就以为自己是害羞特质，就会采取退缩和沉默等保护性措施，并最终真正凸显出害羞。

根据这一理论，在对待害羞的孩子时，首先，家长不要给孩子贴上“害羞”的标签，这样容易导致孩子潜意识中认为自己有害羞的性格，从而慢慢表现出害羞的特性。孩子独立判断的能力有限，这时家长的一些评价就是孩子自我认同的主要来源，不管这些评价是正面还是负面，都会给孩子造成一些心理暗示，也会让孩子产生依赖心理，所以在与孩子沟通交流时，家长一定要谨言慎行。

其次，妈妈应该帮助孩子正确认识自己。因为害羞的孩子会感到自卑，所以通常自我价值感较低，妈妈应该帮助孩子提高自我意识，增强信心。每当孩子取得一些成绩，或者有所进步时，哪怕只有一点点，家长也要及时鼓励。夸奖的时候，家长可以详细说出夸奖的理由，让孩子感觉更具体，比如孩子平时跟人打招呼的时候声音很小，今天声音变大了，妈妈可以夸奖说：“宝贝真棒，今天的声音很洪亮，真好听！”

其实造成孩子害羞的原因是多方面的，并且每个孩子的性格也有所不同，所以家长要根据孩子的具体情况，找到适合孩子的方法。

教会孩子冷静，别让发脾气成为孩子的资本

皮球在没吹气之前软趴趴的，怎么拍都不会跳起来，但是充满气后，只要轻轻一拍就会跳得很高。性格暴躁的孩子就像充满气的皮球，遇到事很容易勃然大怒。

滚滚是语文课代表，上语文课前他负责将同学们写完的作业收上去，放到前面的讲桌上。收到斑斑那里时，滚滚发现斑斑正在抄别人的作业，忙阻止道：“斑斑，别抄了，你自己写吧，晚点交给老师也行。”

斑斑没好气地瞪了滚滚一眼，低头继续抄，气哼哼地说：“要你管！”

滚滚反问道："你抄别人的作业还有理了？"

斑斑怒道："抄不抄作业是我的事，跟你有什么关系？你是课代表就了不起了啊，什么都管！你咋不上天呢？"

滚滚有些生气："自己写作业是为了掌握所学的知识，抄别人作业你能学到什么？"

"我乐意，你管得着吗？"斑斑一字一顿地说。

滚滚气愤道："我管不着你，那就让老师来管你！"

斑斑"呼"的一声站了起来，拿过自己的作业本，用力撕扯起来，一边撕一边恶狠狠地说："老子今天就不写了，看你能怎么着！"说完，还把撕碎的作业本往地上一扔，使劲踩了几脚。

像斑斑这样脾气暴躁的孩子很难控制和处理自己的情绪，遇到挫折或者分歧，既找不到一个合理的解决方案，也没法保持冷静，更不用说要用理智来处理问题了，除了发脾气外，他们根本不知道该怎么办。

暴躁型孩子通常具有以下几个特征：

1. 暴躁型孩子遇到挫折或者分歧时，很难保持头脑冷静，也不会采取理智行为，在一些特定的情况下或受到惩罚时，暴躁程度还会加剧。

2. 跟同龄孩子相比，暴躁型孩子对挫折和困难的承受能力非常低，情绪反映也更为强烈。这类孩子一遇到挫折就会变得躁动不安，行为也变得没有条理，还经常伴有攻击性的语言和行动。

3. 暴躁型孩子的适应能力和自我调节能力非常有限，当外在环境有所改变时，他们往往会不知所措。

4. 暴躁型孩子思维方式倾向于具体化，通常比较死板，不是黑就是白。遇到复杂情况，他们不会变通，即使有些做法明显不合适，他们也不会改变。

5. 暴躁型孩子的行为有时出人意料，原本还是心平气和的他们，会因为一个突发事件而马上变得大发雷霆。

为什么孩子会暴躁、容易发脾气呢？从心理学角度来看，孩子不过是用发脾气这种激烈的方式来表达自己的心理需求。具体原因包括以下几点：

1. 孩子暴躁、爱发脾气跟他们自身发展水平有关。

小孩子总是对这个世界充满好奇，他们想摸摸这里，看看那里。很多家长出于对孩子的保护，会阻止孩子去探索，这时孩子就会用发脾气来表达自己的强烈不满。此外，孩子遇到不如意的事或不舒服时，因为太小，身体和心理都未发育成熟，所以有时会用大喊大叫、打滚等较为极端的手段来表达自己的需求。

如果家长因为无法忍受孩子的脾气就满足孩子的需求，那么他就会认为只要发脾气，家长就会满足自己，于是以后只要有了新的需求，他都会大发脾气，直到家长屈服。长此以往，孩子的脾气就会越来越大，性格也会变得越来越暴躁、任性。

2. 孩子暴躁跟缺少理性的爱有关

那些被家长过分溺爱的孩子往往比较任性，很难管理好自己的情绪，他们常常我行我素，根本不顾及他人想法，当自己的需求没有得到满足时，就会使用“终极大招”发脾气来争取。

还有一些孩子经常被家长、老师、同学忽视，进而导致他们的内心非常敏感，一点小事就能激怒他们。这类孩子有时也会用发脾气或做出一些出格的事来吸引家长或他人的关注。

有的孩子从小受到的家教过于严厉，这导致了他们的性格比一般孩子更加偏激和怪异，有时一句不经意的话就能让他们大发雷霆。

3. 孩子暴躁跟其成长环境有关

研究发现孩子脾气的好坏，跟其成长环境有很大关系。在温馨和睦环境中长大的孩子，因为大家都采用温和的方式来表达自己的情绪，长时间的熏陶让孩子也学会了用理性、平和的心态来解决问题。如果孩子的父母性格暴躁、易怒，家里动不动就发生“家庭大战”，这样会让孩子养成遇到问题就使用暴力方式来解决问题的习惯。

4. 有的孩子用暴躁来保护自己

有些小动物被人所伤后，一旦有人再靠近，它就会龇牙咧嘴，不管你有无恶意。有的暴躁型孩子就像这些受伤的小动物一样，当他们发现周围环境威胁到自己时，就会用暴力手段来保护自己。有时暴躁是孩子感受到危险时惯性保护自己的结果。

有的孩子因为感受到了压迫而选择用暴躁的情绪来表达自己，进而让自己得到保护，孩子感受到的压迫感越强，冲动的情绪也就越强，当压迫感超出孩子的理性值时，孩子就会爆发。比如，当孩子做事时，有些妈妈总是在旁边指指点点，次数多了就会让孩子忍不住暴躁起来。

有的孩子是因为觉得被忽视了，于是用暴躁情绪来反抗或吸引对方注意。还有的孩子因为觉得被误解或者否定而暴躁。比如，有时孩子付出很大努力才取得一个不错的成绩，但家长却还不满足，还嫌孩子做得不够好，于是孩子便慢慢开始暴躁起来。

体会过孩子“原地爆炸”的父母都清楚，当孩子彻底崩溃时或崩溃后，父母很难进行有效干预，有时付出很大努力也收效甚微。想要对暴躁的孩子产生一些积极效果，家长要提前介入，这样才能阻止孩子的“原地爆炸”。家长要怎么做才能提前阻止或减少孩子暴躁的次数呢？

1. 做一个受孩子喜欢的“人生导师”

有的父母经常对孩子大发雷霆，这样做不仅孩子的暴躁行为得不到改善，而且还会不断激化自己跟孩子之间的敌对情绪，使得孩子越来越暴躁。与其这样还不如改变一下自己对待孩子的方式，做一个孩子喜欢的“人生导师”。

回想一下自己小时候，那时遇到困难和挫折不知所措时，痛苦沮丧时，迷茫无助时，是不是特别希望有一个完全理解自己的“人生导师”能对自己伸出援手，带领自己走出迷茫？那时是不是非常讨厌什么都不明白，还整天对自己指手画脚的家长？既然自己小时候都有这样的体验，为什么还要做那个令人讨厌的家长，而不选择做让孩子喜欢的“人生导师”呢？

2. 给孩子创建一个宽松的成长环境

有的父母太严厉，长久的施压、过高的目标导致孩子承受不了而崩溃。宽松的环境更有利于孩子控制自己的脾气。

宽松的环境包括：

要根据实际情况确定孩子的目标，不给孩子定过高的目标；

了解哪类事情会导致孩子暴躁，出现警告信号时，马上采取有效行动；

充分认识导致孩子暴躁的主要根源；

当孩子很难适应一些情况或很难灵活处理一些问题时，家长要有足够的耐心帮助孩子；

改变对孩子行为的看法，家长如果不能正确看待孩子的行为，那么将很难采取有效的措施；

对孩子的长处和短处有清醒的认识，结合长处短处为孩子制定合理的目标与计划；

保持积极乐观的态度。

3. 培养孩子的适应能力和抗挫能力

如果你的孩子突然大发雷霆、长时间哭闹并伴随攻击性的语言和行为，或者在良好环境中也控制不住自己的情绪，那可能是因为孩子的适应能力和抗挫能力没有得到充分发展。家长平时应该多注重孩子适应能力和抗挫能力的培养。

心理专家研究发现，暴躁情绪不仅影响孩子正常的学习、生活及健康，还会对孩子未来的发展造成严重影响，父母应及早采取积极措施，帮助孩子消除不良的暴躁情绪。

不正确的教育方法纵容了孩子的占有欲

有些大人经常会逗小孩，“让阿姨尝尝，行吗？”如果孩子不愿意给，则会笑着说：“真小气！”这是什么逻辑？难道孩子不愿把东西给你尝就是小气？孩子之所以不愿给你吃，那是孩子的天性！

自从孩子有了自我意识，除了喜欢用“不”来体验自主的力量外，还会频繁通过“占有”行为来宣示主权。意大利幼儿教育家玛利娅·蒙台梭利研究发现，孩子在两岁以后会进入物权意识敏感期，这时孩子开始有了“你”和“我”的概念，会注重“什么是你的”和“什么是我的”，这时孩子会不愿意跟别人分享，这不是孩子小气，而是孩子发展的一个阶段。如果家长强行孩子“分享”，则会让孩子感觉自己的主权被侵犯，于是便会竭尽全力去捍卫。

心理学家还发现，孩子在三岁之前的心理理论水平仅处在初级阶段。儿童心理理论也就是孩子对自己和他人心理状态，如愿望、意图等的理解和认知的能力，也可以说是孩子站在他人角度来思考和理解他人感受的一种能力。心理理论水平处于初级阶段的孩子根本体会不到别人也想玩玩具、吃美食的心情，所以不愿将自己的玩具、美食等分享给别人。即便有的孩子愿意分享，也不是自愿的，可能是为了获得父母、老师、别人的表扬而勉强分享。

这个年龄段的孩子也许表现得很“小气”，但这都不是孩子的错，它只是孩子成长中的必然阶段而已。其实 2 ~ 4 岁孩子的“小气”跟以后的“自私”并没什么必然联系，家长不要过度解读。

这一时期家长要尊重孩子的权利，不要未经孩子允许就将他的东西分给别人，可以鼓励但不要勉强孩子将自己的玩具、食物等东西分给别人，否则有可能会让孩子以为自己的权力不重要，导致以后做事总是担心别人会不高兴，会顾虑太多。家长可以培养孩子的交换意识，当孩子要出去玩时，给孩子准备一个不是他最喜欢的玩具，教他用这个玩具跟其他小朋友交换，让他体会到交换的乐趣，从而慢慢学会主动分享。

其实，孩子之所以会形成“小气”的性格，主要是因为家长的一些错误行为和错误教育方式导致的。

奶奶很疼孙女苗苗，有什么好吃的都留给苗苗，姑姑带的饼干，叔叔买的进口水果，妈妈拿的零食，奶奶都是让苗苗先挑，苗苗挑剩下的奶奶才吃。开始时，苗苗还让奶奶也吃，奶奶却总说："这么好的东西，奶奶是专门留给苗苗的，咱们不给爸爸妈妈，也不给别人，就给宝贝苗苗吃啊。"后来，苗苗再也不问了。

有一天，爸爸妈妈带着苗苗跟同事一家一起聚餐。吃饭的时候，苗苗直接将她爱吃的几个菜都挪到自己面前，然后骄傲地宣布："这个，这个，还有这个，都是我的，你们不能吃哦！"爸爸妈妈看着"坦然自若"的苗苗，非常尴尬，恨不得马上找个地洞钻进去。

因为奶奶平时总是将最好的都留给苗苗，让苗苗养成了“唯我独尊”的习惯，她觉得所有好的东西都应该属于自己，所以她非常坦然地将自己喜欢吃的菜挪到自己面前，并要求别人不能吃。

有些家长整天以孩子为中心，什么东西都以孩子为主，所有好吃的好玩的都留给孩子，让孩子没有机会去分享，也无法体验到分享的快乐，最后让孩子养成了什么都独享独占的习惯，导致孩子非常小气。

这时家长一定要反思自己平时的一些行为，改变教育方式，不能再让孩子独享。比如找个时间买一些孩子爱吃的零食，等全家人一起看电视时拿出来，然后大家一边吃零食一边看电视。这时千万不要再像以往一样只给孩子一个人吃，要大家一起吃。可能开始时孩子会有所不满，但是家长要坚持，不过也要照顾孩子的情绪，要循序渐进，不可操之过急。

此外，家长自己也不要小气，要给孩子树立一个好的榜样。如果孩子身边有慷慨的小朋友，家长也可鼓励孩子多跟其交往，让孩子在不知不觉中学习别人的慷慨大方。家长还可以利用电影、电视、书籍中的一些故事教育孩子，让孩子慢慢形成慷慨大方的意识。

除此之外，家长还可以带孩子参加一些公益活动，鼓励孩子帮助别人，让孩子体会帮助别人带来的快乐，学会给予，逐渐形成慷慨大方的性格。

有的家长太“大方”了，当家里来了小客人，不管孩子愿不愿意，直接将孩子的玩具都拿出来让别人玩；小客人走的时候，不管孩子的哭闹，还自作主张将好吃的好玩的送一些给小客人。

岂不知，家长这种行为严重损害了孩子的自主权。家长的过度干涉让孩子内心的需求无法满足，从而导致补偿机制自动开启，孩子可能会变得更加“小气”，可能会一听到有别的小朋友要来，就赶紧将自己的“好东西”藏起来，在孩子看来，只有这样才能保护自己的“好东西”，不是吗？

家长这种不经过孩子允许直接将东西送人的行为，有时还会让孩子产生一种错误的逻辑：既然别人可以不管我的意愿将我的东西抢走，那么我也可以不经过别人的同意抢走别人的东西。

一天，奶奶带苗苗在楼下小区玩，苗苗很喜欢一个小朋友的玩具，就想跟她一起玩，结果那个小朋友不愿意。看着有点失落的苗苗，奶奶说：“宝贝，我们上去把前几天姑姑刚给你买的那个新玩具拿下来，待会咱们也不带她玩，好不好？”

苗苗上楼取来姑姑送的玩具开始自己玩起来。炫酷的音乐、新颖的造型很快引起刚才那个小朋友的注意，她走过来想跟苗苗一起玩，苗苗想起奶奶的话，骄傲地说：“哼，刚才不带我玩，现在我才不跟你一起玩呢！”

这时，妈妈恰好经过，听到苗苗拒绝别的小朋友，于是斥责道：“苗苗，你怎么能这样对人家？一点礼貌都没有，之前跟你讲的‘要学会分享’你又忘记了？这么小气，以后谁愿意跟你玩？”

苗苗气呼呼地说：“我就不带她玩！哼，没人跟我玩，我就自己玩！”

这里苗苗奶奶和妈妈的教育方式都有问题。奶奶不仅没有正确引导苗苗，还让苗苗以“小气”的方式回敬别人，这样只会加剧孩子的“小气”。其实奶奶可以让苗苗用自己的玩具跟那个小朋友交换，趁机让苗苗体会到交换的乐趣。妈妈虽然指出了苗苗的错误，但是没有问明前因后果就直接斥责孩子，这样容易引起孩子的逆反心理，根本起不到什么好效果。妈妈不应该一味地斥责苗苗，应该在理解孩子行为的基础上，慢慢引导孩子，并跟奶奶好好谈谈，要将两人的教育观点统一起来，不然很难教育好苗苗。

对于“小气”的孩子，家长可以参照以下几点进行引导：

1. 当家长发现孩子身上有“小气”问题时，要耐心跟孩子沟通，看看到底是什么原因导致孩子“小气”的，并仔细反省一下自己的行为或教育方式，对于不对的行为和教育方式，家长要及时调整。家长要以身作则，用自己的行动影响孩子。

2. 家长要学会尊重孩子。对于孩子的私有物品，家长应该将控制权还给孩子，让孩子自己做主。如果孩子因为不喜欢某个小朋友，或者担心别的小朋友将自己的玩具弄坏，或者因为自己的玩具太少，或者以前借过玩具给别的孩子，但最后那个孩子却没有将玩具归还等这些原因，而不愿分享自己的“好东西”时，家长不要强迫孩子。家长不能没有经过孩子的允许，就擅自将玩具送给别人。家长要记得，玩具是孩子的，决定权掌握在孩子手中，应该尊重孩子的这一权利。

3. 对于孩子的不愿意分享，家长可以通过一些分享教育有意识地去引导。比如可以通过一些家庭分享会、节假日互赠礼物、参加同学好友的生日聚会等活动，引导孩子学会分享。

4. 家长可以让孩子多参加一些需要大家共同努力才能完成的集体游戏。比如一起搭积木，一起在沙滩上建城堡等，让孩子在游戏中学会互相帮助，学会分享。

5. 在引导孩子的时候，家长要多鼓励，少斥责。当孩子不愿意分享自己的东西时，家长不要当众斥责孩子，更不能打骂孩子。要知道孩子的内心很脆弱，打骂或斥责不仅不能让孩子心甘情愿地分享，还有可能会给他们留下心理阴影，影响他们的性格。家长应该采取鼓励的方式，让孩子踏出第一步，然后通过表扬、称赞的方式进一步巩固，最终让孩子学会分享，并乐于分享。

适度的表扬和鼓励让孩子的自信更有“度”

“我家宝贝是最聪明的，要不怎么能考第一？走，我们去庆祝一下！”“哇，闺女，你这舞蹈跳得太好了，都快赶上杨丽萍了！”“儿子，这么美的画竟然是你画的，你简直是个绘画小天才！跟爸爸说想要什么，爸爸都满足你！”

各位家长，你可知道你的这些“赞美”可能会让孩子自信过了头，并让他们慢慢变得自负起来。适当的称赞可以让孩子充满自信，但是过了就会让孩子盲目自大起来。他们会觉得：自己是最厉害的，只有自己聪明；别人都做不到，只有自己可以做到；别人都不知道，只有自己知道……

人之所以自信是因为对自己和世界都有清晰的认识，所以才会底气十足；而自负则是对自己和世界缺乏客观准确的认识，过高估计了自己的能力，以致于处处表现得自以为是。

面对自负的孩子，有的父母还沾沾自喜，觉得孩子自负一点没什么不好。真的是这样吗？你可知道自负的孩子会安于现状、不思进取？因为在他们眼里，自己已经是最厉害的了，既然谁都比不上自己，为什么还要去努力呢？他们甚至听不进别人的劝告，他们认为别人的意见都是错的，只有自己才是正确的，别人不过是嫉妒自己而已。长此以往，自负的孩子会越来越不愿接受新知识，不愿改变，最后学业也变得一塌糊涂。

自负的孩子面对挫折时，容易心灰意冷，一蹶不振。自负的孩子往往对自己的能力评价过高，当他们遇到挫折时就会变得怨天尤人，觉得都是别人的错，根本不会从自己身上找原因，这时容易从骄傲走向灰心失望、自暴自弃。有些自负的孩子内心其实是极其自卑的，面对失败，他们会否定自己的一切，从此一蹶不振。

自负的孩子往往以自我为中心，跟别人交往时，常常觉得自己高人一等，所以会盛气凌人。这种行为容易让别人反感和厌恶，导致人际关系恶化，影响孩子的未来。

吃晚饭时，滚滚向爸爸、妈妈还有姑姑抱怨道："我们班上的菲菲太讨厌了。"

妈妈忙问怎么回事，滚滚生气道："老师准备成立班委会，同学们推选了我还有其他几名同学，结果菲菲说我太笨不适合，说斑斑不会说话不适合，说月月胆子太小不适合，把我们几个都贬了个遍，好像除了她别人都不行似的。"

妈妈吃惊道："菲菲？她不是学习挺好，还能歌善舞，并且长得也挺漂亮的那个女孩吗？她怎么会这样做？"

滚滚说："她平时就是一副高高在上的样子，总是贬低我们这不行，那不行。不过，这次班干部竞选我们很多人都没选她，她再也当不上干部了，看她还怎么训人！"

爸爸摇了摇头，滚滚接着说："妈妈，你知道吗？她落选后大发脾气，说自己这么优秀没有入选是同学们嫉妒她，所以才不选她。更让人无语的是，她妈妈还给老师打电话，说她家菲菲从上学以来一直是班长，这次没选上肯定是老师的选举有问题，还说老师不重选，她就要找校长去。"

这时心理学家姑姑说："菲菲的性格是典型的自负型性格，不过有这样的妈妈，形成这样的性格也是必然的。"

妈妈连忙问道："我觉得孩子的自负要不得，你跟我们详细说说，以免我们家滚滚也变成一个自负的孩子。"

姑姑解释道："孩子形成自负性格的原因有很多……"

1. 父母对孩子的影响。其实孩子的很多问题都跟家庭有关。有的父母因为自身条件比较优越，总是不自觉地表现出一副洋洋得意、目中无人的样子。他们会不自觉地流露出对他人的不屑，会当着孩子的面说别人的缺点，说邻居不如自己的地方，孩子听多了，也会模仿自己的父母，去嘲笑别人的短处，长此以往，孩子就只能看到自己的长处，慢慢变得自负起来了。

2. 家庭条件太优越。在优越家庭中长大的孩子更容易形成虚荣傲慢的心理。他们喜欢炫耀家人给自己买的新玩具、漂亮的衣服、别人没吃过的东西等，以此来获得别人羡慕的目光。他们总觉得自己比别人优越，他们优越感的来源可能是财富、地位、出身等方面。他们很固执，喜欢抬高自己贬低别人。

3. 生活中缺少挫折和磨难。人的认知来源于生活经验，只有多经历挫折，才能正确认识自己。现在的孩子大多是独生子女，一般生活富足，想要的东西总是很容易就能得到。遇到什么困难父母也赶紧想办法给解决了，可以说成长过程中很少经历挫折，这容易让孩子产生自己无所不能的错觉，从而逐渐形成自负心理。

4. 大人对孩子的过度夸奖。对孩子来说，他们还没有形成自我评价系统，他们主要通过周围人的评价来认识自己。如果家长溺爱孩子，对孩子的缺点视而不见，对其优点不是夸奖就是表扬，就会让孩子想当然地觉得自己是个“了不起的人”，是个完美的人。如果孩子到了学校，因为一些优点又被老师冠以“好学生”的标签，再加上亲戚、邻居的一些表扬，就很容易让孩子产生自负心理。

5. 自我认识的偏差。孩子会通过跟周围事物的比较，形成一套对自己的认识，这就是自我认知。自负的孩子对自己认识不足，一般情况下，他们只看到自己的优点与长处，看不到自己的不足，同时对自己的能力又评价过高，从而导致出现自负心理。

6. 自尊心过强。虽然有自尊心是好事，但是物极必反，自尊心过强的人为了保护自己的自尊心，会通过自负来掩饰，比如有的孩子在某些地方不如别人，于是就装出满不在乎的样子以显示自己的清高，其实这是自尊心过强的表现。

当孩子出现自负情绪时，父母应该怎么办呢？

1. 以身作则，给孩子树立好榜样。

父母是孩子效仿的榜样，榜样的力量是无穷的，父母应该以自己高尚谦虚的人格为孩子做好示范，不要在孩子面前表现出自负，不要在孩子面前说他人的缺点，以免孩子受到不好的影响。

2. 不要溺爱孩子，要让孩子养成独立生活的好习惯。

对于一些家境良好的孩子，父母不要溺爱孩子，不要什么东西都给孩子买最好的，让孩子跟大多数孩子一样就行，以免孩子滋生过多的优越感，形成自负性格。对于孩子遇到的一些挫折和困难，家长应试着让孩子自己去解决，帮助孩子真正独立起来。对于孩子取得的成绩，父母也不要过度表扬，以免孩子形成自负性格。对于孩子的错误和不足，父母要客观地指出，不能视而不见，只有这样才能让孩子正确认识自己。

3. 尽量多鼓励孩子，减少表扬。

之前中国家长喜欢对孩子实行严苛型教育，现在有些家长喜欢赞美型教育，这导致孩子从一个极端走向另一个极端。现在很多家长对孩子不是赞美就是物质奖励，殊不知，这样的教育方式容易导致孩子形成自负性格。

为什么要多鼓励孩子，并且减少表扬呢？有专家做过这样的试验：将一群智力水平差不多的孩子分成两组，当他们完成同样的任务后，对第一组孩子给予表扬，对第二组孩子给予鼓励。研究发现随着任务难度的增加，第一组孩子遇到困难就放弃了，第二组孩子则会想办法去完成。

从这个实验可以看出鼓励对孩子的成长更有利。表扬只是简单夸奖孩子聪明，让孩子觉得成功是理所当然的，当他们遇到困难时，往往不知道怎么办，如果最后失败了，对孩子是一个不小的打击，可能很长时间都难以恢复过来。而鼓励，则是夸奖孩子解决困难时所付出的辛苦和努力，给孩子一个可掌控结果的感觉，让孩子觉得成功和失败跟自己的努力程度有关，于是遇到困难时就会付出更大的努力，而不是轻易放弃。所以父母要多鼓励孩子，而不是过多地表扬，比如针对孩子成绩提高了，父母应该少表扬、少奖励，而是告诉孩子他的努力大家都看到了，只要他继续坚持下去，以后会更好。

4. 帮助孩子学会正确评价自己。

很多自负的孩子无法正确认识自己，他们通常会高估自己，而低估别人，这导致他们觉得自己比谁都强。自负的孩子往往狂妄自大，以自我为中心，想干什么就干什么。父母应耐心引导，让他们既可以认识到自己的优点，也可以认识到自己的缺点，同时也要教会他们去发现他人的优点和长处，并用一颗平常心去对待别人的优点和长处。

当孩子在某一区域取得不错的成绩而沾沾自喜时，父母可以带孩子多看看外面的世界，拓宽他们的眼界，让他们明白人外有人，天外有天。除此之外，父母要引导孩子发现自己的缺点，并帮助他们加以改善和提高。

第四章

父母的引导：聪明父母有妙招

侧面表扬和正向引导比批评更管用

每一个孩子在成长过程中都会犯这样那样的错误，很多家长看到孩子犯错第一反应就是批评。但是，家长朋友，你可知道批评是一门艺术，对孩子的批评需要一些技巧和策略，不是想怎么批就怎么批的？教育专家关鸿羽教授说批评是一种负强化法，家长批评孩子时如果不讲究方式、方法，不仅起不到教育的效果，有时还会给孩子造成很大的伤害。

著名教育家陶行知曾说：“在教育孩子时，批评比表扬还要高深，因为批评一定要讲究方法，这是一门艺术，你用得好它比表扬的效果还有用。”怎么理解陶行知先生这句话呢？我们来看看他曾经用四颗糖来教育孩子的故事就明白了。

有一天，陶行知看到一个男孩用泥块砸自己班上的男同学，马上让他停手了，并让他放学后到自己办公室去。

放学后，当陶行知来到办公室时，看到那个男孩已经在等他了，于是笑着从口袋掏出一块糖递给那个男孩，说："这是补偿你的，因为你按时来了，而我却迟到了。"

男孩接过糖后，陶行知又高兴地掏出第二块糖递了过来，说："这是奖励你的，因为我让你停手，你就立即住手了，这说明你尊重我，我应该奖励你。"

男孩有些惊讶地接过了糖，这时陶行知又递过来一块糖，说："我调查过了，你用泥块砸那些男生是因为他们欺负女生，这说明你正直善良，富有正义感，并且还有跟坏人作斗争的勇气，这应该奖励。"

那个男孩后悔极了，哭着说："校长，我知道错了，同学不是坏人，他们再不对，我也不能采用这种方式。"

陶行知欣慰地笑了，他拍拍男孩的肩膀，随即掏出第四块糖，说："你已经认识到自己的错误，我再奖励一块糖，现在我已经没有糖了，我们的谈话也可以结束了。"

对于男孩的错误行为，陶行知先生没有不分青红皂白，当着大家的面直接批评，他让男孩下课后去他办公室，并且还了解了事情的前因后果，然后还想方设法去表扬男孩，在表扬过程中运用语言的艺术夸男孩"正直善良"，"有跟坏人作斗争的勇气"，侧面引导男孩认识自己的错误，当孩子主动认错后，马上结束谈话，没有再多说什么，这样“不战而屈”才是批评的最高境界啊。

不过大多数父母没有陶行知先生这样的涵养，看到或听到孩子犯错后马上就会怒火冲天，于是不分青红皂白，不管时间、场合，对孩子就是一顿批评，最后不仅没有取得想要的效果，还导致孩子越来越“不听话”，越来越叛逆。

难道孩子犯了错家长不能批评？当然不是，只是家长在批评孩子的时候要采取一些策略，要讲究一些方式、方法。家长们不要嫌麻烦，你们批评孩子肯定不是为了批评而批评吧？是为了让孩子改掉坏毛病，养成好习惯，变得更优秀，不是吗？既然是这个目的，那么下次再批评孩子时不妨耐下心来，试着换一种方式。

调整好心态，控制好脾气

有些家长就像一颗爆竹，一点就着，一看到孩子犯错就控制不住自己的脾气，那股怒火在心中燃烧，不爆发不痛快。当家长处于这种状态时，是无法对孩子进行教育的，还是平静下来之后再说吧。

有些家长，打着教育孩子的名义，将自己在工作、生活中的不满情绪通通发泄到孩子身上。比如，同样的行为，家长心情好时，什么事都没有；家长心情不好时，孩子就会面临一顿狠狠的批评。这会让可怜的孩子无所适从，他们哪里知道妈妈生气是因为太累了，爸爸发火是因为被领导批评了？这样发泄似的“教育”，会给孩子背上沉重的精神负担，不利于孩子的健康成长，家长千万不要这样带着“坏情绪”去批评孩子。

有的家长一看见孩子犯了错就生气，就着急。其实孩子犯错是很正常的事，每个孩子都会犯错，家长不要太过焦虑，孩子正是在错误中才不断成长起来的，家长要以一颗平常心对待孩子的错误。

面对孩子的错误，家长应该做到战术上重视敌人，战略上藐视敌人。这是什么意思呢？就是对于孩子的错误家长可以指出，并且跟孩子讲明白，但内心不要太当回事，要接纳孩子的一切，不管是好的还是坏的。家长要给孩子成长时间，允许孩子在成长过程中慢慢完善自己，要相信孩子，并让孩子感受到这份信任，这样孩子才会成长得更好。

批评前先问明缘由

得知孩子犯错后，家长千万不要仅凭自己的主观臆断和经验就妄下决断，在准备批评孩子前要先了解事情的经过，以事实为依据，再做决定，以免冤枉孩子，对孩子造成无法挽回的伤害。

批评时要考虑时间、场合和频率

每个孩子都有自尊心，他们也有自己的面子，所以批评时要讲究时间、场合和频率。

家长尽量不要在早晨吃饭时、睡觉前或者孩子比较忙碌的时候进行批评，最好选择孩子比较空闲的时间进行，这样效果会更好一些。家长尽量不要在孩子情绪激动的时候批评孩子，因为这时他们根本听不进任何话， 相反还可能会激化矛盾，等孩子冷静下来后再沟通效果会更好。

家长也不要在公共场合对孩子进行批评指责，千万不要当众去揭短，这样会伤害孩子的自尊心。

家长批评孩子也不要太过频繁，过多的批评会让孩子担心受到家长的责备而不敢再去尝试，不敢去学习新的技能；太多的批评也会让孩子越来越“皮”，越来越不把家长的批评当回事；太多的批评也会给孩子留下阴影，让他们觉得自己做什么都不行。

不要翻旧账，不要唠叨，避免“超限效应”

有些家长在批评孩子的时候，喜欢翻旧账，将很早之前的一些“陈芝麻烂谷子”的“劣迹”又翻出来诉说一遍，让孩子觉得自己从小到大都没做对过一件事，自己简直就是一个“废物”，既然自己这么差，那么努力还有什么意义？于是就破罐子破摔，我行我素了。

很多家长从来不记得孩子曾经取得的成绩，看不到孩子的努力，总是将孩子说得一无是处，这样的批评除了打击孩子的自信，让孩子反感外，根本起不到一点作用，如果家长想让孩子有所改变，还是就事论事较好。

还有很多妈妈喜欢“唠叨式批评”，这样的批评太多会让孩子分不清主次，不知道重点要听哪一句。父母经常唠叨会让孩子“选择性失聪”，如果孩子对父母的话无动于衷，那么说再多也不会起到一点作用。所以父母在批评孩子的时候，不要唠叨，点到为止，避免“超限效应”。

所谓“超限效应”，是指刺激过多、过强和作用时间过久，从而引起极不耐烦或逆反的心理现象。

家长在批评孩子时，要注意把握好度，避免“超限效应”。

迂回式批评

有的孩子自尊心很强，对于这样的孩子，父母尽量不要直接批评，可以采取先表扬、后指明问题的方式，从侧面提醒孩子，让其认识到自己的错误，这样做既保护了孩子的自尊心，又达到了教育的目的。

家长在批评孩子时，可先夸奖孩子做得好的地方，然后再指出孩子的不足，从而引导孩子主动改正自己的错误。比如孩子作业有的写得好，有的写得差，父母可以说：“这道题你就做得非常不错，字写得好，方法也很好，如果其他几道题都这样那就完美了。”

旁敲侧击式批评

当发现孩子犯错时，家长可以借助一些有教育意义的故事、寓言等，通过旁敲侧击的方法引导孩子思考自己的行为和做法，并从中找出问题。比如发现孩子学习上有偷懒的毛病，家长便可以给孩子讲一些名人勤奋学习的故事，当然也可以讲一些想走捷径最后失败的故事，以此来引导孩子。

相比严肃认真的批评，诙谐、幽默又富有哲理的故事更能让孩子在轻松愉快的气氛中认识到自己的错误，效果也更好。

事先约定式批评

有的孩子脾气比较大，容易发怒，对于这样的孩子，家长可以跟孩子提前商量，定下相应的规则，一旦孩子触碰或违背规则，就接受相应的惩罚。

比如，有些孩子写作业磨蹭，父母便可以与其约定：写作业时要专心，不能玩，不能吃东西，不能分心干别的。如果孩子遵守约定提前完成了作业，那么多出来的时间将由孩子自己支配；如果孩子违反了规定就要受到批评和惩罚。这样，当孩子因为没有遵守约定而被父母批评和惩罚时，他也能虚心接受，而且对以后的一些行为，他也会更加注意。

父母之所以批评孩子，也是希望自己的孩子能变得更优秀，既然这样，那就尊重自己的孩子，不要采用羞辱的方式，更不要对孩子进行人身攻击。父母可以试着用温和的方式跟孩子好好沟通，让孩子认识到自己的错误，并明白错误产生的原因，然后跟孩子一起制定详细的改正计划，让孩子知道怎么弥补失误和避免错误，当孩子取得进步时，父母要及时鼓励，以增强孩子面对错误时的勇气和信心，这样，相信孩子终有一天会变得很优秀。

多夸奖孩子的品质，少夸奖孩子的天赋

夸奖能给孩子他所需要的价值感，能让孩子保持继续尝试的兴趣和探索的热情，能激发孩子对成功的渴望。正确夸奖孩子，还能提升他们的做事积极性，有利于培养孩子良好的性格。

作为家长，你真的会正确夸奖孩子吗？当孩子取得一些成绩时，有些家长喜欢这样夸孩子：“宝贝，你真聪明！”“你太棒了！”“这孩子太厉害了！”“这孩子真了不起！”其实这样的夸奖并不利于孩子的长远发展。

斯坦福大学心理学教授卡罗尔·德韦克经过几十年的研究发现，如果人们经常称赞孩子的天赋而不是他的后天努力，则有可能会让孩子失去学习的动力。

德韦克在纽约 20 所学校挑选了 400 名五年级学生做了一个实验。研究者先让一半孩子做一个相对容易的测验，测验结束后，研究者将得分告诉了他们，并夸奖这些孩子在这方面很聪明，也就是称赞孩子的智力；研究者让另一半孩子做同样的测验，测验结束后研究者夸奖孩子解题时很用功，也就是称赞孩子的努力。

然后研究者又继续测验，让这些孩子自己选择，其中一套测验比较难，但是能学到很多东西；另一套测验与之前做过的类似，比较简单。结果研究者发现，那些被表扬努力的孩子 90% 都选择了较难的测验，而被表扬聪明的孩子大多都选择了比较简单的测试。

为什么被夸聪明的孩子大多不愿挑战呢？德韦克解释道：“当我们夸奖孩子聪明时，等于告诉孩子，为了保持住自己的聪明，不要去冒可能犯错的险。”实验中的那些被夸聪明的孩子，为了维护自己的聪明，所以不愿挑战，以防挑战失败而出丑。

接着研究者又让孩子继续做一个测验，这个测验非常难。结果那些被夸奖努力的孩子能专心解题，那些被夸聪明的孩子遇到难题很快就放弃了。研究者还发现，那些被夸聪明的孩子通常会拿自己的成绩跟那些表现比自己差的孩子比，以此来增强自尊；而那些被夸努力的孩子通常会拿自己的成绩跟那些表现比自己好的孩子比，以此来提高自己。

最后，研究者又让孩子做了一次难易程度跟第一轮差不多的测验，结果发现被夸努力的孩子成绩有了显著提高，分数平均提高了30%，因为这些孩子更愿意挑战自己，虽然开始可能会失败，但是成绩还是会提高；而那些被夸聪明的孩子，分数平均下降了20%，因为失败的体验让他们沮丧，从而导致他们退步。

卡罗尔·德韦克解释道：“夸奖孩子努力，给孩子一个自己可以掌控的感觉，让他们觉得成功与否都掌握在自己手中。而夸奖孩子聪明，相当于告诉孩子成功不是掌控在他们手中，于是遇到挫折，这些孩子就会束手无策。”

随后德韦克又对孩子进行了追踪访谈，他发现那些被夸聪明的孩子会认为自己很聪明，所以可以不用那么努力，他们甚至认为努力是愚蠢的行为，是向大家承认自己不够聪明。无论家庭背景怎样，那些被夸聪明的孩子都受不了失败的打击，尤其是成绩好的孩子打击会更大，这样的“夸奖”会害了孩子。

一天，妈妈带滚滚去一位教授家做客，进屋后看到了一个非常漂亮的小女孩，于是妈妈顺口夸奖道：“真是个漂亮的孩子。”

教授听到妈妈的称赞有些不高兴，等孩子走后他说：“请您以后不要这样夸我女儿了。”

看到妈妈茫然的样子，教授解释道：“你刚才夸奖了她的漂亮，但是漂亮并不是她的功劳。对于一个只有5岁的小孩来说，根本没有分辨是非的能力，你刚才的夸奖会让她以为这就是她的本领，一旦她认为漂亮是值得骄傲的资本，就会看不起那些长相平平的孩子。”

家长在夸奖孩子时，要多夸奖孩子的努力用功，而不是孩子的一些天赋，这样更有利于孩子的成长。除此之外，以下几点家长也应该注意：

夸奖要具体

父母夸奖孩子时，要指出孩子哪些地方做得好，哪些地方取得了进步，值得夸奖，不能笼统地用“真棒”“真好”去夸孩子。

比如，当孩子拿一幅他画的画过来时，不要笼统地称赞“这画画得真好”，而是具体告诉孩子到底哪里画得不错，是颜色用得好，还是线条画得好，又或者是布局比较好，还是有意境呢？

每个孩子都希望获得外界认同。通过这样具体的夸奖能让孩子感觉到别人的认可，同时也会增强孩子的自信。

夸奖要及时、要当众

当孩子做出令人满意的行为后，父母一定要及时夸奖，这样才能起到强化作用。

有些父母喜欢在人前夸奖别人的孩子，贬低自己的孩子，这种行为不可取。想要强化效果，父母可以试着在公开场合夸奖自己的孩子，把孩子做得好的地方，孩子的闪光点在人前大大方方地说出来，让孩子知道你为他而骄傲、自豪，这会强化孩子的良性行为。

夸奖要有度

有的父母对孩子的夸奖太泛滥，太浮夸，随便孩子做个什么都狠狠夸奖一番，殊不知过度的夸奖可能会导致孩子自我膨胀，也可能会导致孩子因习惯了表扬而无法应对失败产生的焦虑。

比如，小孩刚学会弹奏几个音符，父母为了鼓励孩子，于是故作激动地拍手叫好，还一顿猛夸“宝宝弹得太好了，真是一个小天才！”以后每当孩子随意弹奏的时候，家长都这样卖力地夸奖，结果没过多久孩子就不愿再弹了。父母问孩子为什么不弹了，孩子说他已经不喜欢了。为什么孩子会这样呢？

其实，开始时孩子是喜欢弹琴的，而且他知道只要自己弹奏就能获得父母的称赞。只是孩子还小，会的有限，不知道以后要弹什么，他担心父母知道自己不是“小天才”后会失望，会不喜欢他了，于是就不愿再弹了，就说自己不喜欢，以免再弹下去让父母发现“真相”。所以父母在夸奖孩子时一定要注意度的把握。

不要夸人格

有些父母经常把“好坏”挂在嘴边，当孩子做了一些值得表扬的事情时，他们就直接夸“真是妈妈的好儿子/闺女/孩子”，这就是典型的“夸人格”。这个虚无的“好”字往孩子头上一扣，你知道对孩子造成多大的压力吗？当孩子觉得自己配不上父母的这种夸奖时，就会做出一些让父母头疼的事，以表示自己的反抗。

选择孩子喜欢的方式进行夸奖

不同年龄、不同性格的孩子对夸奖有不同的要求，为了让夸奖更有效果，可以选择孩子喜欢的方式。父母可以跟孩子就这个问题进行沟通，看看孩子最喜欢什么样的称赞，以后父母就用孩子喜欢的方式去称赞，让称赞的效果最大化。

不管怎么夸奖孩子，记得多夸孩子的努力用功，不要去夸孩子的天赋。在夸奖时父母可以参考下面的“话术清单”：

1. 夸奖孩子的努力——你很努力！当孩子取得不错的成绩时，

请记得及时肯定孩子付出的辛苦和努力。

2. 夸奖孩子的坚毅——那么难，你一直坚持，没放弃！当孩子完成一件很有挑战的事情时，当孩子经过无数次尝试时，请记得肯定孩子的耐心和坚持。

3. 夸奖孩子的态度——你做事的态度很好！当孩子以一种积极向上的态度去做一件事情时，请记得肯定孩子的态度。

4. 夸奖孩子的创意——这真是个很有创意的想法！孩子的一些奇思妙想是孩子积极思考的结果，请表扬孩子的创意。

5. 夸奖孩子的合作精神——你和小伙伴们合作得真默契！一个人的力量始终是有限的，当发现孩子跟其他小伙伴一起合作完成一件事情后，要抓住机会给予肯定，以此来加强孩子与他人的合作沟通能力。

6. 夸奖孩子的勇气——你不怕困难、勇往直前的样子太帅了！当孩子不畏艰辛、勇往直前的时候，记得给予肯定，这能帮助他增加“自信指数”。

7. 夸奖孩子的热心——你帮助他人完成了任务，真棒！当孩子热心帮助别人的时候，一定要给予夸奖，并鼓励他帮助更多的人。

8. 夸奖孩子的责任心——你把自己的房间 / 书桌收拾得真干净！如果孩子能将自己的物品、书桌等整理好，说明他有责任心，应该给予夸奖。

9. 夸奖孩子的领导力——这件事情你负责得很好！如果孩子负责管理一件事，并且做得挺好，那说明孩子有责任心和领导力，表扬的时候趁机让孩子明白，有的步骤不用亲力亲为，也能将事情解决。

10. 夸奖孩子的信用——我相信你，因为……当跟孩子做了约定时，可以说“我相信你，因为之前你说到的都做到了”，以此来引导孩子建立信用，要知道良好的信用可是未来的保障。

11. 夸奖孩子的参与——今天参加活动时你表现得很好！当孩子积极参加活动时，即便没有取得任何名次也要多鼓励，这样他才愿意多参加一些活动，才能开拓视野，获得更多的知识。

12. 夸奖孩子的虚心——你能听取别人的意见，这点做得非常好！只有能虚心接受别人意见和建议的人，才能从别人那里吸收经验和教训，才能不断提高自己。

13. 夸奖孩子的选择——真高兴你做出这个选择！能做出正确的选择是培养孩子成长思维的关键，多鼓励孩子自己做出正确的选择。

远离暴力，让孩子承担自身行为的后果更有用

在教育孩子的过程中，到底该不该使用“惩罚”这种方式，不同家长持有不同意见。有的家长认为孩子做错事了就应该受到惩罚，否则长大了还不无法无天？有的家长则认为惩罚会打击孩子的自信心，不利于孩子的成长，应该多鼓励、表扬。

其实，不管是使用表扬还是惩罚，父母都应该根据具体情况来定，并且把握好度，否则有可能会不利于孩子的成长。惩罚也是一种教育手段，恰当的惩罚能减少孩子的某些行为。从事青少年心理问题研究的李玫瑾教授曾经说：“适度的惩罚是对孩子的一种保护。”

惩罚分为正向惩罚和负向惩罚。所谓正向惩罚，就是当孩子做

错事情时，父母用一些孩子不喜欢的方式，比如罚站等来惩罚他；所谓负向惩罚，就是当孩子做错事时，父母拿走孩子喜欢的东西，

正向惩罚

负向惩罚

比如没收孩子喜欢的玩具，不让孩子看喜欢的电视等来惩罚他。

不管是正向惩罚还是负向惩罚，父母都要把握好度，不能使用太多，太多效果就会降低，为了达到同样的效果，父母就会增加惩罚的力度，随着惩罚力度的增加，对孩子的负面影响也会越来越大，这时惩罚就会变成重度惩罚。

行为心理学家认为：虽然重度惩罚能有效阻止孩子的不良行为，不过重度惩罚却是魔鬼，会扭曲孩子的心灵，损害孩子的心理健康，建议所有父母都不要使用这种方式。

此外，在使用惩罚时，父母要慎重选择孩子不喜欢或喜欢的东西，因为经过不断强化，这种感觉会让孩子记住一辈子。比如有的父母在孩子犯错时，会惩罚孩子背古诗。虽然背古诗是好事，但是作为犯错的惩罚来背，就会让孩子认为这是一件不好的事，内心就会对背古诗产生抗拒，如果次数多了，孩子以后可能再也不愿意背古诗了。

孩子犯错后要怎么惩罚才既能达到想要的效果，又不伤害孩子的心理健康呢？

一、用自然后果而不是暴力去惩罚孩子

有的父母在孩子多次犯错，并且讲道理和奖惩的方式都不起作用时，就会采取暴力惩罚的方式来对待孩子。虽然暴力惩罚很快就能见到效果，却会给孩子带来长久的负面影响，有时可能会影响孩子一生。

为什么这么说呢？因为父母长期使用暴力来惩罚孩子，会让孩子觉得暴力是解决问题的正确方法，以后他遇到问题也会像父母一样用暴力去解决。虽然暴力惩罚能解决孩子当前的问题，却不能从根本上解决孩子的问题，孩子以后会“更加小心”地去犯错。

心理学家研究发现，不管是语言暴力还是行为暴力都会伤害孩子的自尊心，让他们对未来失去信心，找不到前进的动力。暴力惩罚会对孩子的内心产生永久伤害，让孩子在性格、人际交往、解决问题的能力等方面受到较为严重的影响，所以父母还是不用为好。

父母如何对孩子进行惩罚教育呢？著名教育家卢梭曾经说过，如果孩子有冒失的行为，父母只要让他碰到一些有形的障碍，或者让他体会到由他行为本身产生的惩罚，就能制止孩子的这些行为。

对于孩子的不良行为可能产生的后果，父母可以预估一下，如果不会带来非常严重的后果，在可控的范围内就让孩子去犯一些错，然后让他自己去承担错误的后果，这样他们才能记住教训，才会不断成长。

有些父母因为自己年轻时犯了一些错，多走了一些弯路，现在为了自己的孩子不再犯同样的错，于是或苦口婆心地劝诫孩子，或粗暴地命令孩子，或武断地替孩子安排好一切，只是效果都不怎么好，最终，大多时候孩子还是要亲身经历过那些错误后才会主动去进行自我调整。所以，如果父母都将道理告诉孩子了，孩子还是不听，父母可以试着放手让孩子去亲身经历一些错误，然后在适当的时候给孩子正确的引导，让孩子慢慢醒悟过来。

二、惩罚孩子不能半途而废

父母在惩罚孩子时，态度要明确，要明确告诉孩子他应该怎么去做，要达到什么标准或做到什么程度才行，如果他做不到将要承担什么样的后果，这样孩子的改错才有目标，效果也会更好，并且惩罚不能半途而废，这样才能达到惩罚的效果。

惩罚的标准一定要合理，对孩子的要求一定是孩子能做到的。比如，带孩子去人多的地方玩，孩子总是跑来跑去，说了几次也不听，有的父母会生气地说："再不听话，就把你扔在这里。"稍大一点的孩子就明白父母不可能将自己扔在这里，也就是说这样的惩罚根本没有威胁性，父母如果总是用这种"后果"来惩罚孩子，会让孩子觉得即便犯错也不会受到惩罚，也就没有什么可怕的了。如果将惩罚换成"如果再乱跑一次，回家就不让你看动画片"，效果会好很多，因为这个惩罚能够执行下去。

惩罚孩子要做到"言必信，行必果"，父母要统一战线，坚持之前定下的规矩，不能半途而废。

滚滚写完作业总爱忘记收拾自己的书桌，妈妈说过他几次，每次刚说完滚滚还记得，但过两三天后就又忘了。

一天晚上，妈妈开了一个家庭会，会上妈妈说如果滚滚每天晚上写完作业后都能将书桌收拾干净，连续坚持两个礼拜，爸爸妈妈就带滚滚去他一直想去的游乐场玩；如果滚滚没有做到，就不能去游乐场。滚滚愉快地接受了。

为了能去游乐场，滚滚已经坚持了十三天，最后一天正好赶上作业非常多，那天写到很晚，直到眼睛都快睁不开了才写完，滚滚写完就睡了，忘记收拾书桌了。

第二天吃早饭时，滚滚跟爸爸妈妈求情。妈妈有些心软，觉得这次滚滚确实做得挺好，并且最后一天没有做到也情有可原，正在犹豫不决时，爸爸直接拒绝了，他说既然定下了规矩，那就按照规矩来，任何人都要好好遵守，这是原则问题。既然爸爸已经发话了，妈妈就要跟爸爸保持一致。

不过爸爸妈妈两人后来商量，决定再给滚滚一个机会。如果他能重新坚持两个礼拜，他们还是会带滚滚去游乐场。这一次滚滚坚持得很好，经过四个礼拜的努力，滚滚逐渐养成了学习完就收拾书桌的好习惯。

父母在惩罚孩子时要坚持原则，要严格按照之前的约定进行，不能因为一些特殊原因就不坚持，父母的退让可能会让孩子给自己找来各种避免惩罚的“借口”。

有的父母看到孩子被惩罚时太过辛苦，于是就会心软终止惩罚，这样会导致惩罚达不到应有的效果。如果你觉得孩子太过辛苦，那么制定惩罚规则时可以适当轻一些。惩罚力度可以适当减轻，但是一定要认真执行规则，主要是通过规则让孩子知道你让他改正的决心，这样他才会认真去改。

三、找到孩子错误行为背后的动机和需求

有些父母看到孩子的错误行为，便自以为是地推断孩子行为背后的动机，然后武断地给孩子一个负面评价并做出相应的惩罚。父母们，你们可知这些行为会让孩子产生深深的无助感？！

父母经常会武断地对孩子进行这样的评价：

你一点都不努力，因为你根本就不在乎自己的前途；

你总是丢三落四、考虑不周；

你说谎是因为你根本不在乎别人的感受，你眼里只有自己；

你应该为自己的行为羞耻；

你总是说谎，我再也不会相信你了；

你太让我失望了，因为你根本不爱我们，不爱这个家……

如果孩子将这种无助感埋藏在心里太久，则会将“我很坏”的感觉也埋在心里，孩子就会产生消极情绪，进而影响心理健康；如果孩子没有将这种无助感藏在心里，而是将其外化，则会去欺负他人，有时甚至会对别人施暴，以此来缓解自己内心的羞辱感。

心理学家研究发现，如果孩子在犯错时能够得到尊重，他的感受得到维护，他就不会去羞辱他人。父母发现孩子犯错后，不要先入为主地去批评或惩罚孩子，而是要静下心来问问孩子为什么要这么做？找到孩子行为背后的动机和需求，然后再进行评判。

一天，教育家苏霍姆林斯基在校园里散步，看见一个小女孩正在摘玫瑰花。他走过去弯下腰，亲切地问小女孩为什么要摘玫瑰花？

小女孩说她奶奶生病了，她告诉奶奶，校园里有一片非常漂亮的玫瑰花，奶奶不相信，所以她想要摘一朵给奶奶看看，然后再送回来。

苏霍姆林斯基听了她的话后，牵着小女孩的手，又摘了两朵大玫瑰花送给她，并对孩子说一朵是奖励小女孩的，因为她是个懂得爱的孩子，一朵是送给小女孩奶奶的，感谢奶奶养育了她这样好的孩子。

如果苏霍姆林斯基看见小女孩摘花就不问缘由地将小女孩批评一顿，肯定会伤害小女孩的心，可能还会留下心理创伤，但是他没有这样做，而是以平等的态度去问小女孩为什么要这样做，这才了解到了孩子的善良，这样一个充满爱心的孩子，应该被无缘无故地惩罚吗?

父母们，也许你的孩子就是这样一个小天使，他们不小心把杯子打碎了，只是想给你倒杯水；他们考试漏答了题目，只是因为太想考出一个好成绩而紧张造成的；他们说谎，只是因为担心你失望……请你们多些耐心，挖掘一下孩子错误背后的善良动机，像苏霍姆林斯基那样去深入了解一下他们吧。

亲子沟通中要多倾听，多做有感受的交流

经常听一些父母抱怨孩子越大越跟自己没话说，有时自己主动制造话题，孩子也爱答不理，“不是我不想跟他说话，而是他不愿跟我说，你说我有什么办法？我又不能逼他。”

是啊，父母没法逼迫孩子开口，但是曾经总是黏着父母说个不停的孩子，从什么时候不愿再开口了呢？是谁让他们对父母关上了心门？

滚滚看到妈妈来接自己，赶紧跟同学道别跑到妈妈身边，妈妈拍拍滚滚的肩膀，问他今天累不累？又学了什么新知识？母子俩边走边讨论。

滚滚跟妈妈说，今天有一个问题自己没弄明白，妈妈听后没有埋怨滚滚，而是告诉滚滚这个问题很抽象，不容易明白，鼓励滚滚回去再看看书，查些相关资料，再做做题可能就明白了。

滚滚又跟妈妈讲了自己班上一名成绩最好的同学的故事，妈妈听得津津有味，听完后妈妈鼓励滚滚多向他学习，努力把成绩提上去一点。滚滚有些忐忑地问妈妈是不是很想要一个那样的儿子，妈妈笑滚滚真是个小傻瓜，并告诉滚滚在妈妈眼里滚滚就是最好的，是谁都无法代替的。滚滚听后很感动，路过一个奶茶店时，急忙跑去买妈妈最爱喝的奶茶。

在等奶茶的时候，一对母女路过，那个小女孩要喝奶茶，她妈妈抱怨道："你学习要是这样积极主动多好！"女孩没吱声，默默买了两杯，递给妈妈一杯，妈妈责怪道："真是乱花钱！我又不渴！跟你说多少次了，要省着点，你从来不听，我们家又不是开矿的，你养成这样大手大脚的毛病，以后可怎么办……"

小女孩小声辩解道："我看天太热了，想买一杯让你凉快点。"

妈妈呵斥道："自己想喝还拉我作借口，我让你买了吗？多少次了？你怎么总是不长记性？难怪学习总是上不去！别磨蹭了，快点回家写作业……"

小女孩沉默着转身跑开了，她妈妈在后面喊道："你跑那么快干什么？跟你说多少次了，不许在马路上跑……"

有时真的不是孩子不愿跟父母说话，而是一跟父母说话就迎来一顿责备，长此以往，谁还愿意开口？正是父母的每一句抱怨，每一次责骂，每一个命令让孩子一点一点关闭了自己的心门，直到他们再也不愿开口。

心理医生黄家亮曾说：“重要的不是发生了什么，而是对方是怎么感受的。我们要永远记住，有感受的沟通在亲密关系中是最重要的。”如果家长能好好跟孩子沟通，让孩子感受到父母对自己的尊重和理解，对自己的关心和爱，哪个孩子不愿跟父母分享自己的快乐和忧伤？

著名教育家梁启超对子女的教育也很严厉，但是他愿意跟孩子好好沟通，愿意听取孩子的心声。对离得远的孩子，他常常写信跟孩子交流，甚至在信上叮嘱孩子不要因为学习而累坏了身体，让孩子感受到他的关心和想念。

这样的沟通让孩子遇到什么问题，首先想到的就是父母。当年梁思成在海外留学时，遇到学业或情感上的问题，都会主动写信向梁启超请教。在孩子们眼中，梁启超就是“一个亲切有味的父亲，一个童心未泯的老顽童。”这样教育的结果就是梁启超的九个孩子个个不凡，有三个还成了院士。

沟通是人与人之间思想和感情的传递和反馈，是双向的互动。父母跟孩子通过沟通可以相互了解对方的想法和情绪，父母可以理解孩子的想法，孩子也可以理解父母的用心。如果父母能跟孩子进行良好有效的沟通，还有什么问题解决不了？

那么如何与孩子有效沟通呢？

一、学会倾听

现在有很多父母根本不愿意听孩子说。当孩子出现问题时，他们没有耐心听孩子解释，他们自以为是，总是粗暴地打断孩子，直接告诉孩子怎么做。至于为什么这么做，他们的回答就是：“哪有那么多为什么？我叫你怎么做你就怎么做，我这是为你好。”他们从来不听孩子说了些什么，也不会去想孩子到底在想什么？孩子在家里根本没有表达自己内心真实想法的权力。一个不愿听孩子说的父母，又怎么能跟孩子好好沟通呢？

还有一些父母表面上给了孩子说话的权利，但是对于孩子的话根本没放在心上。可能孩子在说的时候，他想的是怎么去反驳孩子，怎么让孩子听自己的，至于孩子到底想要表达什么他们根本不关心。这样没有反馈的、单方面的倾诉会让孩子失去倾诉的愿望，这样以后他们有什么话也不会再对你说了。

父母要用心去倾听孩子的心声，并注意观察孩子的肢体语言，弄明白孩子真正的需求和感受，让孩子感受到你对他的关心，感受到你对他的尊重和重视，这样孩子才愿意对你敞开心扉，才愿意跟你好好沟通。

二、多找孩子感兴趣的话题

很多父母跟孩子的沟通除了学习，就没别的话题了。无论孩子跟他说什么，最后都能扯到学习上，而绝大多数孩子最讨厌的就是别人跟他说学习，如果你总这么做，那么孩子慢慢就不愿意跟你沟通了。

其实孩子都知道学习的重要性，也知道父母的良苦用心，只是父母一直这样唠叨谁不烦呢？

父母业余时间要多学习，多看书，充实自己的精神世界，跟上时代的发展，多跟孩子说一些看似跟学习无关而孩子又感兴趣的话题，这样孩子才愿意参与进来，父母才能成为孩子成长中的引路人。

三、注意沟通的方式

有些父母跟孩子说话不会好好说，总是斥责孩子，经常说一些类似这样的话："你会干什么？我像你这么大的时候早就会做饭了！""你以为我爱唠叨啊，还不是因为你总不长记性！""你看某某，再看看你，你不内疚吗？"

如果你总是这样跟孩子说话，孩子肯定不愿意跟你多聊。虽然大多时候父母是为了孩子好，但是为了达到你想要的效果，能不能换个孩子喜欢的方式？假设你的上司天天批评你，总是跟你说："你怎么这么笨？""什么都不会，还不知道学习！""我都跟你说多少遍了，怎么又做错了？""不对，要这么做！"你是什么心情？你还会愿意跟上司交流吗？你不满意上司还可以辞职，但是你这样对孩子，孩子又不能换父母，想想孩子多可怜。多体谅孩子一点，多包容一点，鼓励孩子表达出他内心的想法，这样孩子才更愿跟你交流。

四、多陪伴孩子

著名教育家杜威认为，教育即生活，他认为最好的教育就是从生活中学习，从经验中学习。父母需要多陪伴孩子。有条件的父母可以陪孩子一起学习，一起玩耍，在学习和玩耍中培养孩子。

有的父母因为工作繁忙，没有那么多时间，但无论如何每天还是要尽量抽一些时间陪伴孩子。在陪孩子时，父母可以关掉手机或者将手机静音，让他感觉到你对这段时间的重视，从而让孩子明白虽然你没有整天陪着他，但是你非常重视他，关心他，爱他，这样孩子自然会对你打开心扉。

五、尊重孩子

有些家长根本没把孩子当作一个独立的人，而是当成自己的一个附属品，当成完成自己梦想的"工具"，做任何决定从来不征求孩子的意见，完全按照自己的意愿设定孩子的一生，当孩子反抗时，他们会使出各种手段逼迫孩子接受，这样不尊重孩子的父母，孩子怎么会愿意与他们沟通？

在教育孩子时，家长一定要记住孩子是有自己独立人格的人，要记得尊重孩子，多给孩子自主选择的权力，这样孩子才能快速成长起来。

爱孩子就不要过多地干涉孩子，要学会放手，学会尊重孩子的选择，尊重孩子的决定，只有这样，当孩子遇到问题时才更愿意跟父母商量。

六、平等对待孩子

有的父母觉得自己是长辈，动不动就对孩子发号施令，他们经常会说："下午不许去打球，要写作业。""这么做不对，你应该这样……""为什么你做不好？""你怎么这么笨？"如果家长总是一副高高在上的样子，孩子就会失去独立，并变得沉默。

家长应该像朋友似的平等对待孩子，在他们犯错的时候能够宽容以待，耐心倾听孩子的想法，让孩子有话愿意跟父母分享。

有一个孩子上学打扑克被请家长，家长来之后什么都没问，当着全校师生的面对孩子又是打耳光又是责骂，结果家长刚离开一会儿，孩子就跳楼了。

还有一个孩子也是上学打扑克被请家长，家长来了之后首先问孩子被老师打了没？得到孩子肯定回答后，又忙问孩子被打疼了没有？之后，这个家长告诉孩子，谁都有贪玩的时候，这不算什么大事，如果老师打得太重，他可以找老师谈谈。这个孩子听到家长这么维护自己，非常感动，觉得对不起父母，以后再也没犯错。

每个人都有自己的不足之处，父母应该接纳孩子的一切，包括孩子不完美的地方。父母试着用对待朋友的方式对待孩子，看看会发生什么变化。在尝试过程中，父母不能因为自己的尝试和努力没有取得立竿见影的效果，就感到悲观绝望，不能因为孩子还是沉默不语就产生挫败感，要知道罗马不是一天建成的，努力坚持，总有一天你会收到意外的惊喜。

在规则之下，让孩子自由成长

可能一些年轻父母因为童年经历过严厉的家庭管教，知道严厉管教会给孩子的天性带来伤害，所以对孩子采取放养式教育。

放养式教育跟严厉的教育不同，它提倡让孩子在一种宽松的环境中成长，并尽可能地给予孩子自由，让孩子自主选择，自由成长。

虽然是放养式教育，不过并不意味着父母真的就可以对孩子不管不问，完全放手不管，任由孩子自由发展。放养也要有原则，无原则的放养只会养出没有规则、无法无天的“小霸王”。

放养能发挥孩子的天性

放养能改善孩子的生活习惯

放养能增强孩子的独立性

放养让孩子交际能力更强

放养让孩子更勇敢

放养让孩子乐于助人

过度放养让孩子没有规则意识

过度放养让孩子没有自律意识

过度放养容易让孩子没有恒心

过度放养容易让孩子不懂得如何去爱

过度放养容易让孩子不懂感恩

过度放养容易让孩子没有教养

十一假期，爸爸妈妈带滚滚坐火车去上海玩，坐在滚滚对面的也是一家三口，那个小男孩叫深深，岁数跟滚滚差不多。

火车开动后，深深兴奋得上蹿下跳，他一会儿爬到座位上，一会儿从上面跳下来，有时往上爬时还不小心抓着别人的头发，惹得旁边的乘客直叹气，深深的爸爸妈妈只忙着看手机，也不管。

这时，滚滚妈妈给滚滚拿出一本书，让滚滚看。深深马上凑了过来，开始大声读了起来，一边读一边大笑，滚滚有些不好意思地提醒道：“嘘！小声点，不要吵到别人。”

深深妈妈头也没抬，大声说：“你们还是小孩，吵吵闹闹是你们的天性，没事的。”

深深读了一会觉得没意思，就让妈妈拿出自己的电动玩具，打开开关就开始玩。那玩具又吵又闹，深深跟着音乐大喊大叫。旁边一个姑娘正在接电话，深深的吵闹声让她听不清，于是过来提示深深把音乐关一下。深深妈妈听后生气地说：“哪个小孩不这样？你小时候就不吵吗？再说你走远点接不就好了吗？”那个姑娘愣住了，旁边的乘客也直摇头。

看到别人都不赞同自己，深深妈妈对滚滚妈妈说：“我的童年就被各种规矩给毁了，现在我可不让这些狗屁规矩毁了我儿子的童年，我要放养孩子，让他肆无忌惮地生活，自由自在地成长。”

滚滚妈妈无奈地说：“放养其实挺好的，我们家孩子也是放养，不过我听说真正的放养放的是思维，养的是习惯，放养也要坚持一些原则。”

深深妈妈疑惑地问道：“这是什么意思？放养不是放任不管？”

有些家长跟深深妈妈一样，把放养式教育理解成“放羊”，对孩子放任不管，任由孩子自由自在地成长，自己则干脆做起了“甩手掌柜”，这样就可以正大光明地偷懒，就可以冠冕堂皇地玩手机而不用再操心孩子的教育了，不是吗?

真正的放养不是不管不问，而是要科学地放养，要把握好什么该放，什么不该放?放多少?怎么放等问题，只有有条件、有约束的放养才能培养出优秀的孩子，否则只会毁了孩子。父母在放养孩子时要坚持以下几项原则：

1. 可以让孩子尽情玩耍，但父母要提前做好各项准备。

父母可以放手让孩子跑、跳、爬，但要提前给孩子寻找一个安全广阔的空间，并告知一些相应的危险及注意事项，这样孩子以后就知道什么情况下能尽情玩，什么情况下不能玩。如果父母希望孩子在玩中学会更多的知识，比如促进认知、学会合作、体验美育等，那么科学深入的引导是必需的。

研究发现，在父母陪伴和引导下玩大的孩子比独自疯玩的孩子发展得更充分，以后也能迎接更大的学习任务和挑战。

2. 可以让孩子自由成长，但父母要给孩子制定一些规矩。

放养不是放纵。孩子的自我管理意识比较薄弱，父母在放养孩子时要给孩子制定一些规矩。孩子长大后需要独自去面对世界，所以在孩子还小的时候，父母就要让他们明白这个世界的一些规则，这样他们才会知道怎么适应这个社会，怎样保护自己，怎么在这个世界很好地生存下去。如果父母从小什么都不告诉孩子，任由孩子自由成长，那么孩子长大后将面临很多问题，将很难适应周围的环境，有规矩的人才能更自由。

美国前总统奥巴马就给自己的孩子制定了九条家规：

（1）不能无缘无故就抱怨、争吵，不能取笑别人；

（2）要认真铺床，不能只是看上去整洁而已；

（3）自己的事情要自己做，比如自己设置闹钟，自己起床并穿衣服；

（4）玩具房要保持干净整洁；

（5）要帮父母分担家务；

（6）生日或圣诞节没有豪华的礼物和华丽的聚会；

（7）每晚八点半要准时熄灯；

（8）课余生活要充实，可安排跳舞、排戏、弹钢琴、打网球、玩橄榄球等；

（9）不准追星。

这几条规矩简单，可操作性极强，父母们可以参考一下。

3. 可以让孩子自由发展，但父母要培养孩子的敬畏之心。

孩子生下来是没有敬畏之心的，他们不知道什么危险，什么可以做，什么是绝对不能做的，所有这些都需要父母来告诉孩子。比如，孩子还小的时候，抓到什么都喜欢往嘴里塞，父母这时就要告诉孩子什么东西可以吃，什么东西不可以吃；孩子不能在马路上玩耍跑动，过马路的时候要遵守交通规则；孩子不能玩火，虽然火可以做饭，可以取暖，但是玩火是非常危险的，失控的火破坏力也非常大；孩子不可以随意踢打不喜欢的动植物，更不能杀死它们。如果不教会孩子敬畏生命，任由他们自由发展，可能会释放孩子心中的“撒旦”，让他变成一个“恶魔”。

4. 父母要帮助孩子体会分寸感和界限感的重要性。

人与人以及人与其他东西之间，都存在一个安全距离，如果孩子没有分寸随意跨越，将给孩子带来很多麻烦，为了让孩子快乐地生活，父母要让孩子体会到分寸感和界限感的重要性。

5. 父母要帮助孩子养成好习惯。

为了孩子以后活得更自由，有更多的选择，父母在孩子还小的时候就要尽量让他养成好的习惯。

著名主持人董卿，父亲让她 7 岁就开始做家务，从小就大量阅读，对于看不懂的古文古诗词就抄写下来朗读，每天还要早起去跑步。正是这样的习惯培养才让董卿成为现在的董卿。

看看历史上那些取得成就的人，无一不是拥有好习惯的人，为了孩子的未来，父母在放养孩子的同时要引导孩子养成一些好习惯。

6. 父母的言传身教。

卢梭曾说世界上最没用的教育就是讲道理、发脾气、刻意感动，最简单有效的教育就是言传身教。如果你希望自己的孩子成为什么样的人，那你自己首先要努力成为那样的人。

如果你抱怨自己的孩子不会写作文，也不爱阅读，那么你爱看书吗？小时候你给孩子讲故事吗？你跟孩子又一起读过多少书呢？如果这些你做得都很少，你说孩子这样该怪谁呢？孩子身上的一些问题都能从父母身上找到原型，所以当孩子出问题时，父母不要利用自己的权威逼着孩子去改正，而是先要审视自身，用自身的行动去影响孩子。

曾经有人说：每个孩子都是一朵花，只是花期各有不同。有的花在春天开放，也有的花在其他季节开放。当别人的花在春天开放时，你不要急，也许你家的花是在夏天开；如果到了秋天还没有开，你也不要着急，说不定你家的花是腊梅，开得会更动人。如果你家的花到了冬天还没开放，你也不要生气，没准你家的花是一棵铁树。铁树除非不开花，开花就惊艳四方，且炫丽无比。真正的园丁是不会在意花开的时间，只会默默耕耘，静待花开……

是啊，每个孩子都是一朵花，可是很多妈妈只做到了“静待花开”，而忘记了“默默耕耘”，放下手机，好好陪孩子一起成长吧。

以身作则，比千言万语都管用

有些父母认为，孩子的性格是天生的，其实不是，孩子的性格除了气质跟遗传有关外，其他绝大部分都是后天形成的，尤其跟幼年时期的家庭教育有关。

科学研究发现，孩子最早的学习是从模仿开始的。孩子从幼年时期一直都在默默观察父母的言行，并将看到的、听到的、感觉到的东西“渗透”到正在发育的大脑中，在以后的生活中，他们会不自觉地加以效仿，这也是父母能从孩子身上看到自己影子的原因。著名教育家马卡连柯认为，家长是孩子人生中的第一任老师，家长的每一句话，每一个动作，每一个眼神，甚至看不见的神经世界都会带给孩子潜移默化的影响。

有位父亲看到儿子跷着二郎腿，很没形象地躺在客厅沙发上玩手机，于是就教育孩子说："儿子，男子汉要站如松，坐如钟，你看看你这是什么造型？还有，你天天玩手机也不学习，怎么能考出好成绩？多看书，少看手机！"儿子很不情愿地回屋写作业去了。

吃完饭，这位父亲在沙发上一歪，就开始看起手机来。这时儿子走过来小声嘀咕道："你说男人要站如松，坐如钟，你看看自己的姿势！你总跟我说要少看手机，多学习，但你自从下班后就一直看个不停，也没见你看书学习啊！"

这位父亲听到了儿子的小声嘀咕，突然醒悟过来，原来孩子这些不好的习惯是受自己的影响，为了给孩子树立一个好榜样，这位父亲决定痛改前非。他买了一些书，回家后尽量不再看手机而是看书，在父亲的带动下，儿子也爱看书学习了。

孔子曾说：“其身正，不令而行；其身不正，虽令不从。”孩子之所以不听父母的话，是因为父母自己都做不到却要求孩子去做到，这会让孩子产生逆反之心，不会真正听从父母的话，所以也就不会有什么效果了。如果父母改变教育策略，不再说教而是直接行动，则孩子也会去效仿，想要的效果自然容易实现，父母的一次行动胜过千万次的说教。如果你对孩子的一些行为不满意，说了很多次也没有实质性的进展，那就试试用自己的行动去引导孩子吧。

我国著名家庭教育专家赵忠心说过，从家庭教育角度来说，对孩子发展影响最大的因素就是家长的人格。家长人格的力量是巨大的，是无形的，如果家长想要把孩子培养成什么样的人，那么自己首先就应该成为那样的人，并用自己的行动去影响孩子。

有一天，滚滚跟妈妈一起坐公交车去姥姥家。在公交车上，滚滚看到旁边一位妈妈拿出一瓶酸奶给孩子喝，酸奶瓶上有水，那位妈妈拿出纸巾擦拭，擦完后随手将纸巾丢到窗外。过了一会儿，孩子喝完酸奶后也要随手将瓶子向外扔，妈妈急忙阻止孩子。

孩子大叫道："我就要扔！我就要扔！你都扔了，为什么我不能扔？"那位妈妈有些尴尬地说："我刚才扔的是纸，很轻，不会砸到别人的车，而你要扔的是瓶子，这个很重，到时把别人的车砸坏了，你有钱赔吗？"

那个孩子还是不愿意，这时滚滚有些不解地问："妈妈，我们老师说要把垃圾扔到垃圾桶里，刚才那位阿姨却把纸扔到了车窗外，这个可以吗？"

滚滚妈妈说道："当然不可以了，不管是垃圾还是别的东西，我们都不能从车窗往外扔，这不仅危险，而且也是不文明的行为。"

那个孩子听到滚滚他们母子的对话后，默默将自己的瓶子递给了他妈妈，那个妈妈也不好意思地脸红了。

有人说三等父母用拳头去管教孩子，二等父母用嘴巴去管教孩子，而一等父母则用自己的行动去影响孩子。是的，你想让自己的孩子以后成为什么样的人，首先你自己就要做到，你要用自己的行动去影响孩子。

父母是孩子的第一位老师，也是永久的老师。孩子性格的形成是从家庭教育开始的。很多父母对家庭教育的理解太多狭隘，觉得教育就是让孩子掌握学习技能，让孩子掌握本领，其实这只是教育的一小部分内容，不是全部。家庭教育的目的主要是为了提高孩子的竞争力，也就是培养孩子的一些良好性格。

美国数字设备公司（DEC）创始人奥尔森曾经被美国《幸福》杂志评选为“美国最成功的企业家”，在采访时，奥尔森说自己的成功得益于父亲，是父亲用自己的行动影响了他的一生。

奥尔森的父亲是一名推销员，他没有大学文凭。一次，有一位顾客想从他父亲手里购买一台机器，经过了解，他父亲发现那个顾客并不是真正需要这个机器，于是劝阻这位顾客不要购买，为此他父亲的老板火冒三丈。但是他父亲的诚实品质却深深影响了他的三个儿子，他们都以父亲为榜样，做诚实守信的人，最终全部成为有名的工程师。

奥尔森也跟他父亲一样，做事讲原则，合作重诚信，最后给自己树立了良好的口碑，生意也越做越好，最后成为美国成功的企业家。

俗话说教育孩子要言传身教，孩子在成长过程中，父母的行为无时无刻不在影响着孩子。孩子很小时没有辨别能力，不管父母行为是好还是坏，孩子都会学习和效仿，有的甚至成为孩子以后的人际交往方式，成为以后解决问题的手段，成为影响孩子一生的性格。所以，父母在教育孩子的过程中最好不要有以下不良行为：

1. 没有爱心

有的父母与老人关系不和，有时甚至恶语相向；有的父母之间关系不和，喜欢用吵架或武力来解决问题；有的父母在孩子面前随意嘲笑别人的缺陷；有的父母看到需要帮助的人，假装看不见，当孩子要伸出援手时，会责骂并拉着孩子强行离开……

可能你觉得这是处世之道，这是明哲保身的经验之谈，但是你可知道，你的这些行为都在潜移默化地影响着孩子，你正在一刀一刀“砍”去孩子的爱心，在孩子心里种下自私的种子!

2. 没有民主

有的家长什么都替孩子决定，从来不用心倾听孩子的心声；有的父母从来不知道征求孩子的意见，孩子不听话就强迫孩子去听；有的父母总是打着“我还不是为你好”的旗号，插手孩子的一切事物；有的家庭内部出现问题后，父母从来不会采取民主的方式来解决，而更习惯用简单粗暴的方式……

你可知道你这样的行为一刀一刀“砍”去了孩子心中的民主意识，让孩子觉得强权能战胜一切!

3. 蔑视诚实

有的父母经常口头给孩子一些承诺，但是经常不信守承诺；有的父母虽然要求孩子诚实，但是经常当着孩子的面撒谎，这让孩子很困惑，为什么大人可以说谎，小孩却不能？当父母为孩子树立了不诚实的榜样，就会在孩子心里种下说谎的种子。

4. 过度保护

有的父母对孩子保护过度，觉得自己的孩子根本没有保护自己的能力，离开自己就会危险重重，于是孩子想去游泳不行，想跟同学一起去爬山也不行，都十多岁了，孩子想要自己削个苹果都不行，因为刀太危险了，想要自己做饭也不行，因为煤气太危险了。

生活中处处充满了危险，光躲是没有用的，关键是让孩子从小学会怎么规避各种危险，只有这样孩子才能不断长大。你可知道，这样的过度保护让孩子失去了冒险的机会，在孩子心里种下了平庸的种子。

5. 不遵守交通规则

有的父母带孩子过马路时，可能因为忙，因为赶时间不遵守交通规则，不管红绿灯，不走人行横道，不走过街天桥。不要小看这些行为，这会在孩子心里播下违法的种子，让孩子觉得人可以为了自己的利益而任意践踏法律。没有谁是罪大恶极的，所有罪犯都是从当初占一点点小便宜开始走向违法道路的。

6. 不爱惜大自然

有的父母带孩子出去玩时，让孩子将垃圾随便扔，看到美丽的花随便折，为了照相好看让孩子跑进草坪、爬上树……还美其名曰让孩子从小跟自然亲密接触，你可知道你这样随意的行为会在孩子心中种下破坏的种子。

古人云：勿以恶小而为之，勿以善小而不为。父母在教养孩子的时候，一定要注意自己的言行，用自己得体的言行去引导孩子，让孩子从小养成良好的习惯。

良好的习惯能让孩子快乐健康地成长，良好的性格能让孩子的成材之路更加顺利。为了让孩子的未来更加美好，父母们积极行动起来，用自己的良好行为去引导孩子吧。

体会孩子的思维方式，做好人生导师

丹麦著名童话家安徒生的父亲是个穷鞋匠，母亲是个洗衣妇。因为安徒生家太穷了，当地的贵族和地主都不让他们的孩子跟安徒生一起玩，以免降低了他们的身份。

安徒生的父母对此十分气愤，但是从来没在孩子面前表现出来，他们努力用自己的爱来弥补孩子，他们将安徒生简陋的房间布置得像个博物馆，墙上挂满了图画和装饰用的瓷器，橱柜里整齐地摆放着玩具，书架上放满了不同的书籍和歌谱，就连门玻璃上都画了一幅风景画。

安徒生的父亲经常给安徒生讲古老的阿拉伯故事，有时还给安徒生读丹麦喜剧作家荷尔堡的剧本，或者英国莎士比亚的剧本，这些故事让小小的安徒生浮想联翩。为了扩大孩子的眼界，他们鼓励安徒生到街头去观察那些埋头工作的手艺人、油嘴滑舌的生意人、弯腰驼背的老乞丐以及不可一世的贵族人的生活。

每当夏天来临，父母就带着安徒生去森林里野餐。在大自然的怀抱中，父母教他正确区分不同种类的花草，教他认识不同的鸟，还教他怎么用灯芯草做船。大自然的神奇和美妙打开了安徒生想象的翅膀，最终他将身边发生的各种事情变成了一个个脍炙人口的童话故事。

如果当初别的孩子不跟安徒生玩时，安徒生的父母不是这样去引导孩子，而是跟安徒生抱怨他们生活的种种不易，抱怨社会的种种不公，抱怨贵族和地主的种种不义，那么世界可能就少了一位童话大师。

孩子刚来到这个世界上什么都不懂，是父母一点一点引导孩子去认识世界的，可以说父母是孩子的第一任导师，孩子以后成为什么样的人跟父母这时的教育有很大关系。

不过，并不是所有的父母都知道怎么做好人生导师，并将孩子引向一条辉煌之路。有的父母只凭自己的感觉去教育孩子，结果孩子变成了“野孩子”；有的父母完全按照自己的想法去安排孩子，结果孩子变成了“逆子”；有的父母则根据自己父母的经验去教育孩子，结果孩子变成了一个“翻版”的自己。

父母应该怎样教育自己的孩子？雅斯贝尔斯认为，所谓的分数、学历、知识都不是教育的本质，教育的本质是一棵树摇动另一棵树，一朵云推动另一朵云，一个灵魂唤醒另一个灵魂。

这是什么意思呢？意思是父母要尽量用自己的行动去引导孩子，用自己的心灵去影响孩子，这样才有可能教育好孩子，做好孩子的人生导师。是父母无条件的爱、信任、尊重、理解与鼓励，最终让孩子成为一个友善、自信、独立、勇敢的人。

达·芬奇刚上学的时候，除了对绘画感兴趣，其他都不感兴趣。一次上别的课时，达·芬奇没有专心听老师讲课，他在下面偷偷给老师画了一幅速写。晚上回家后，他还将自己的速写拿给父亲看，父亲不仅没有责备他上课不专心，还夸奖他画得好，并鼓励他向绘画方面发展。

得到父亲的鼓励后，达·芬奇开始全身心地投入到自己喜欢的绘画中，甚至还用画恐吓他的父亲。一次，达·芬奇花了一个月的时间在盾牌上画了一个双眼冒火、鼻孔生烟的女妖头，看起来非常逼真、恐怖。为了增加恐怖感，他还紧关窗户，只让一缕光照到女妖脸上，把他父亲吓坏了。不过，等达·芬奇跟父亲解释完后，父亲不仅没有生气，还哈哈大笑。

见识到达·芬奇的才华后，父亲将他送到画家维罗奇奥那里学习。在维罗奇奥的指导下，达·芬奇最终成为世界上最伟大的画家之一。

要想当好孩子的人生导师，父母则需要尽量全面地去了解孩子。每一个孩子都是独特的，都是与众不同的，也是不断变化的，父母要根据孩子的不同情况随时调整教育方法。

怎样去了解自己的孩子呢？那就是向孩子学习。是的，你没听错，父母要放下家长的架子，学会做孩子的朋友。只有这样，家长才能以孩子的思维去看问题，也才能真正理解孩子，才会平等地对待孩子，才不会按照自己的意愿去强迫孩子。

想要做好孩子的人生导师，父母需要做到以下几点：

一、学习孩子的思维方式和行为方式

父母在教育孩子时要用孩子能理解的方式，这样孩子才更容易明白你的意图。孩子还小的时候，对事物关系的理解很简单，不像成年人那么复杂，他们只会根据一些很明显的信息得出简单的结论。比如，之前你总是夸他，有一次他没有把事情做好，于是你就没夸他，这时他不会想到是因为自己没做好你才没夸他，他会以为你不爱他了，所以才没夸他。

你看，孩子的思维方式跟大人有很大的不同，如果父母不以孩子的思维去教育孩子，只根据自己的思维从主观上去做决断，那么很难取得明显的效果。此外，父母还要注意，孩子的成长具有阶段性，不同阶段孩子的认知和思维有所不同，父母要根据孩子的变化随时调整教育方法。

二、了解孩子的发展程度和接受能力

孩子毕竟还是孩子，很多方面还没发展成熟，对于一些事情和方式可能没法理解，所以父母在教育孩子时要考虑孩子的发展程度和接受能力。

为什么有的父母在最开始辅导孩子做作业时感觉简直是鸡同鸭讲？就是因为父母没有把自己知道的知识转化成孩子能理解的语言，导致孩子根本听不明白你说的是什么。

当发现孩子不明白的时候，父母不要动不动就喊，就吼，就“原地爆炸”，要先平静一下自己的心情，再思考一下孩子的思维模式，然后试着用孩子能理解的方式讲给孩子，这样孩子很容易就明白了。其实，多辅导几次，父母自然就了解孩子的思维方式和接收能力了，之后辅导起来也会越来越轻松。

三、放手让孩子自己去面对困难

想要让孩子成长起来，父母要学会放手。

当孩子遇到困难的时候，父母不要马上就帮孩子解决掉，而是尽量让孩子自己尝试去解决，这样有助于孩子建立自信。如果孩子总是依靠父母的帮助才取得成功，那么孩子的自信会很脆弱。为了锻炼孩子，父母可以先评估一下这个困难有多大，如果在孩子的能力承受范围内，那就放手让孩子自己去面对，父母只要在适当的时候给予鼓励就好；如果困难太大，超过孩子的承受能力，那么父母可以适当帮孩子一下。

如果父母预测到孩子将要犯错，只要不会伤害到孩子或他人，父母可以选择不要干预，让孩子去出错，这样他才更能记住教训。有些父母不忍心让孩子犯错，担心孩子会受到伤害，父母大可不必这样，其实孩子远比你们想象的更加坚强。让孩子自己去选择，自己去尝试，即便失败，他们也能学到很多经验。

父母要多给孩子试错的机会，多给孩子选择的权力，让他们养成自己做决定的习惯，从小学会管理自己的人生，这样大了才能独当一面，才能真正过好自己的生活。

四、让孩子学会处理自己的情绪

当愿望没有实现时，很多孩子会难过、沮丧、生气，有时甚至还会伤心地哭泣，这时父母不要因为孩子的不良情绪而放弃原则，要“狠心”让孩子学会自己处理这些情绪。

有的父母一看到孩子情绪低落了，就马上说“都是妈妈不好”；

有的父母一看孩子生气不吃饭，就马上妥协；有的父母一看到孩子哭得那么伤心，赶紧就把孩子想要的玩具买了……家长这样的行为会让孩子以为这些不良情绪是跟家长讨价还价的工具，以后只要他们不满意就会采取这样的方式。

如果家长有这样的习惯，赶紧停止。对于你的坚持，可能开始孩子会采取更加激烈的情绪来反抗，但慢慢孩子就会明白他们的这些不良情绪已经没有效果了，以后也不会再用，慢慢地，孩子也会变得越来越坚强。

五、把孩子的人生归还给孩子

有的父母把孩子当作自己的附属品，什么都替孩子安排好，这样做貌似是为了孩子，但最后却毁了孩子；有的父母将孩子看成自己人生的全部，给孩子带来沉重的压力，最后孩子活得很累，父母也活得很累。

父母要记得，孩子也是一个独立的个体，有着自己的思想，父母尽量不要干涉过多。你要知道，孩子可能会犯错，可能会走弯路，但是那是他们的人生，那是他们的选择，父母不能过多地干涉，父母只要多理解、尊重、支持、帮助孩子就好。

蔡元培曾说过决定孩子一生的不是学习成绩，而是健全的人格修养。健全的人格修养需要父母的从小引导，需要父母的认真培养，想要自己的孩子拥有一个灿烂的未来，那就请努力做好孩子的人生导师吧。

附录

培养孩子性格的六大教育方法

卡尔·威特（德国）：天才教育法

在儿子的教育问题上，我始终坚信“百闻不如一见”。根据多年的经验，我认为“读万卷书”不如“行万里路”，现实世界教给我们的，远比书本教给我们的更多、更丰富、更精彩。

——卡尔·威特

卡尔·威特是德国一名教师，对于孩子的教育，他认为必须和孩子的智力曙光同时开始。他著有《卡尔·威特的教育》一书，这是世界上论述早期教育的最早文献。

他用自己的理论将自己痴呆的儿子培养成天才：8 岁就学会了 6 种语言；9 岁考入莱比锡大学；13 岁时发表了数学论文，并获得哲学博士学位；16岁获得法学博士学位，后被柏林大学聘为法学教授。

他认为决定孩子成长为天才还是庸才的不是天赋，而是五六岁时所受的教育。他说，孩子从生下来便具备一种特殊的能力，就是潜能。如果能在孩子刚出生就进行理想的教育，那么孩子的潜能就可能得到100%地开发，那么孩子就会变成天才。孩子身上的这种潜能是逐渐递减的，教育开始得越晚，潜能实现的机会也就越小，如果错过这个时期，潜能也就基本消失了。

所以，他提倡对孩子的教育尽早开始，并且开始得越早，取得的效果也越好，孩子将来也越有可能优秀。他说，即便天生聪明的孩子，如果后天没有得到正确的培养，最终也不会成材；天赋不好的孩子，如果后天得到正确的教育，也能成为一个优秀的人。

他认为教育孩子的重点就是让孩子尽早发挥其能力。因为婴儿对多次重复的事物从来不会厌倦，所以孩子3岁以前的教育内容：一方面是反复灌输语言、音乐、文字、计算和图形等基础内容；另一方面就是灌输人生的基本准则和态度。

他说孩子在三岁以前是开发语言的最佳时期，一到五岁都是富有语言才能的时期，父母千万不能浪费这一绝佳时期，要多讲故事给孩子听，还应该让孩子复述，即便遇到一些难懂的词汇也不能放弃，这样做不仅教育孩子要有科学的学习态度，而且教会了孩子阅读和学习方法。小卡尔两岁时，母亲就每天讲故事给他听，还有意识地让他猜测故事情节。在游玩、散步和吃饭时，卡尔·威特也会想办法丰富小卡尔的知识。

卡尔·威特认为孩子的一些不良行为其实是因为他们精力太旺盛却不知道往哪儿使的缘故，他说这是一种精力浪费。卡尔·威特通过唤起孩子的兴趣和让孩子提出问题，让小卡尔轻松愉快地学到了很多知识。

卡尔·威特鼓励小卡尔多动手、多思考、多提问题，不管孩子提出什么问题，他都耐心给予解答。为了让孩子养成良好的行为习惯，卡尔·威特坚持是非分明，始终如一的原则。卡尔·威特从来不认为孩子学习成绩差是因为他们天生智商低，而是因为没有从小养成良好的学习习惯。他严格规定了小卡尔的学习时间和游戏时间，以此来培养他做事专注的习惯。他不允许儿子在学习语言和数学等知识时敷衍了事，以此来培养孩子精益求精的精神。他还有意培养小卡尔敏捷灵巧的做事习惯。正是因为在学习的时候能够专心致志，所以小卡尔的学习效率极高，这让他有更多的时间去运动、游玩和社交。

卡尔·威特认为，教育孩子的前提是要以一颗宽大的心来了解、引导孩子。对于犯错误的孩子，教育的目的是要把那些不利的消极因素转化成积极的有利因素。比如想要杜绝孩子说谎，最好的办法就是不追究，让孩子觉得没有说谎的必要。

每当小卡尔遇到困难和挫折时，卡尔·威特就用世上最美的语言帮助孩子摆脱内心的苦恼。此外，对孩子正确的情感表达方式还有表扬、亲吻、拥抱等口头或身体的行为，父母千万不要吝啬。当孩子表现出良好的行为时应给予夸奖，并且明确告诉孩子自己因为什么事情而夸奖他，对孩子表扬和鼓励的语言也要尽量富于变化。

对小卡尔的教育，卡尔·威特把培养孩子的想象力放在第一位；同时还要培养孩子同情和关心他人，这关系到孩子将来能否成为一个受欢迎的人；此外还要培养孩子坚忍不拔的毅力，这会帮助孩子正视生活中的挫折和失败。

卡尔·威特认为孩子自己能做的事情，就让孩子自己去做，千万不要代替他去做。培养孩子要从培养孩子良好的习惯入手。

卡尔·威特的教育观点总结如下：

对孩子的教育必须尽早开始，越早效果越好；

教育孩子的重点是让孩子发挥其能力；

培养孩子要从培养孩子的良好习惯入手；

教育孩子要有一颗宽大的心。

斯特娜（美国）：自然教育法

母亲在教育中的作用是不可替代的。身为母亲，要尽力提升自己，要在孩子的早期教育中充分发挥自己的作用，这一点是非常重要的。

——斯特娜

斯特娜曾任美国宾夕法尼亚州匹兹堡语言学教授，她在推崇卡尔·威特教育法的同时，提出要根据孩子自身的习性，用自然的方法去教育孩子，取得了非凡的成就。她著有《MS 斯特娜的自然教育法》一书。

她用自己的教育方法将女儿培养成了一个“神童”：3 岁就会

写诗，4 岁会用世界语写剧本，5 岁前就会用八国语言来表达自己的思想，同时孩子还在音乐、美术、文史、数学方面才华横溢，且身心健康发展，富有爱心。

斯特娜用教育女儿的成果向世人证明了：“神童”不是天生的，任何一个孩子，只要教育得当都有可能成为“神童”。她的观点跟卡尔·威特一样，孩子的教育应当从诞生的第一天就开始，不过她认为应该由母亲来对孩子的早期教育负责。

她说教育孩子，主要是引导而不是强迫，父母要给孩子提供一个良好的人文环境，设计一些孩子感兴趣的游戏和活动，让孩子在毫无压力的前提下愉快地进行学习，这是取得成功的关键。

斯特娜认为孩子的能力不被利用与开发，就不会得到发展。对女儿的早期教育，她主要从训练孩子五种感觉入手，利用音乐、色彩、故事、图片、玩具、户外活动等来刺激和促进孩子各种感觉的发展。

在女儿还是个懵懂无知的婴儿时，斯特娜就给她朗读诗歌《艾丽绩斯》，以此来训练孩子的听觉，结果孩子在一周岁时就能背诵《艾丽绩斯》第一卷的前十行内容了。这可不是强行灌输给孩子的，而是在斯特娜每天的朗读中孩子顺其自然学会的。

为了从小培养孩子的色彩感，斯特娜在家中挂满了色彩丰富的画，还给女儿准备了很多颜色漂亮的绘本。每当女儿看书时，斯特娜就在一旁充当解说者，帮助女儿去了解那些名画的名字、含义、故事等。此外，她还采用一些色彩玩具帮助孩子培养色彩感。在斯特娜的引导下，女儿对色彩和绘画产生了浓厚的兴趣。

对于孩子的教育，斯特娜抓住生活中的每个游戏契机。比如有时路过商店门口时，她就和女儿玩一种叫“留神看”的游戏，两人比赛看谁能记住更多的商店橱窗里陈列的物品，谁记住的少就要挨批评。通过这样的游戏，让孩子养成了敏锐观察事物的好习惯。女儿五岁时，就能在教授面前把《共和国战歌》读一遍后，一字不差地背诵下来。

斯特娜非常重视女儿的语言教育，她认为语言教育不仅可以促进孩子的智力发展，还有利于身心健康。她说语言教育将影响孩子的一生，所以在幼儿时期就应该加强孩子的语言教育。

从女儿出生时起，斯特娜就用准确而漂亮的英语跟孩子说话，她从来不教给孩子不完整的话。斯特娜认为应该通过听和说来教孩子语言，教的时候不要太过关注语法，语法不是最重要的。要利用孩子喜欢把学到的词反复地说着玩的倾向，让孩子记住一些优美的句子。斯特娜觉得要等孩子很好地掌握一种语言之后再去学其他的外语。学习外语的时候，先从训练听力开始。

对于女儿的教育，斯特娜采取游戏的方式。在女儿成长过程中，作为母亲，斯特娜亲身参与、关注、推动了女儿的每一步成长和每一点进步。

她认为，在教育孩子的过程中，母亲的作用是不可替代的。每一位母亲都要尽力提升自己，争取在孩子的早期教育中发挥最大作用。

斯特娜的教育观点总结如下：

“神童”不是天生的，是可以通过后天教育培养的；

教育孩子，重要的是引导孩子，而不是强迫孩子；

教育孩子中，母亲的作用不可替代。

蒙台梭利（意大利）：特殊教育法

我们对孩子所做的一切，都会开花结果，不仅影响孩子的一生，也决定孩子的一生。

——蒙台梭利

蒙台梭利是位伟大的教育家，也是著名的科学家，她著有《蒙台梭利教学法》《蒙台梭利手册》《教育人类学》《高级蒙台梭利教学法》《童年的秘密》《发现儿童》等书。

她从小受过良好的家庭教育，26 岁成为意大利第一位医学女博士，名震全国，但因为当时社会对女性的偏见，她只能在罗马大学精神病诊所担任助理医师。但正是这个机会，她得以跟低能幼儿接触，然后发现那些低能儿童除了食物外，还会到处乱抓乱摸屋里的任何一样可由双手控制的物体，这奠定了她教育理论中“发展智力需要通过双手操作”的基本理论。

1898 年，在教育会议上她提出：孩子心理缺陷方面的精神疾病其实属于教育问题，而不是医学问题，所以教育训练比医疗更有效。为了帮助低能儿童，她设计出一套“特殊观察法”，用来观察了解低智商孩子，从而帮助他们提高智力。后来通过鼓励，这些“低智商孩子”通过“手脑协作”的锻炼，仅仅两年之后，不仅学会了读写，还能完成跟正常儿童一样的知识考试。

在当时学者都认为人的智力取决于遗传的情况下，她坚信通过正确的教育可以提高人类智力。她发现当时很多健康孩子的智力发展水平不是被压抑了，就是被错误的教育理念耽误了，或者两者兼而有之。

她创办了“儿童之家”，它是一个“公寓中的学校”。在这里，一切设施都是根据适合孩子的尺寸和需要来设计的，是孩子接受教育的最佳场所，举世闻名的蒙台梭利教学法就诞生于此。

蒙台梭利主张用“提早教育”和“感官训练”来开发孩子的潜能，从而“制造天才”。她提出了三岁前教育，甚至强调两岁以前更重要。她还提出了当时极为超前的想法：生命开始于受孕的那天，幼儿教育也应该从那一天开始，也就是后来的胎教。

在蒙台梭利教育法中“工作”一词的使用频率较高，这里的“工作”主要泛指孩子手脑结合、身心协调地作业。她发现相对于游戏，孩子更喜欢“工作”。所以当孩子严肃做当前的“工作”时，父母不要觉得孩子的“工作”没有意义，孩子是在“工作”中完成自我的。

蒙台梭利认为，在“工作”中可以训练孩子的手眼协调能力、专注力以及有秩序地完成“工作”的能力。同时，在活动四肢的时候，孩子的人格、智力和体能都得到了发展。所以，哪怕是孩子专心玩泥巴，把手、脸、衣服都弄脏了，父母看到了也应该高兴，因为这是孩子在接触事物、体验感觉，在发展智能。

蒙台梭利认为，孩子在幼儿时期的各种感觉练习，还有日常生活中的技能练习都是自发的活动，都可称之为“工作”。她认为这种“工作”有助于训练孩子肌肉的协调和控制能力，有助于培养孩子的意志力，有助于培养孩子的独立性。蒙台梭利还认为“工作”将传统教育中两个对立的概念“自由”和“纪律”有机结合起来。

蒙台梭利在教育中还使用了很多教具。教具不同于玩具，它们带有“教育”功能，具有严肃的意义，具有特定的使用规则。这些教具符合儿童的内在需求，能够吸引孩子，可以单独使用，也可以联合使用。

蒙台梭利教育的原则是以孩子为中心，通过对孩子的深入了解，在尊重孩子人格尊严和成长规律的基础上，根据孩子身心发育的特点去设计教学，从而培养孩子自主、持续的学习和“工作”习惯。

蒙台梭利认为孩子的心理和生理发展速度各不相同，所以儿童的成长阶段也都不一样。但是有一点是一样的，那就是为了身心成长，个体从胚胎开始就会主动寻寻觅觅，所以大人要了解和尊重孩子的这种“内在需求”，帮助孩子健康成长为大人。从教育的立场来说，就是大人给孩子提供一个良好的学习环境，让孩子不受干扰地自由选择，让小生命自然而然地发展成一个完善的人。

蒙台梭利的教育观点总结如下：

正确的教育可以提高人类的智慧；

孩子在幼儿时期的各种“工作”有利于孩子的成长；

教育孩子要以孩子为中心。

铃木镇一（日本）：才能教育法

如果你拥有了天才的感觉，就会成为天才；如果你有了英雄的感觉，就会成为英雄；如果孩子找到了好孩子的感觉，就会成为一个好孩子。

——铃木镇一

铃木镇一是日本著名的音乐教育家，他坚信音乐可以开发幼儿智力，著有《早期教育与能力培养》一书。

铃木镇一认为：人的所有才能都不是天生的，而是通过后天的培养和教育形成的，只要教育得当，每一个孩子都能成为一个有才能的人，而孩子的才能主要取决于从零岁开始的教育。

比如学小提琴，问题不在于孩子拿小提琴的时间，而在于在拿琴之前听音乐的时间，这个从零岁就可以开始。虽然孩子拿小提琴的时间因受身体发育的限制而不能太早，但从零岁开始孩子就可以接受音乐的刺激，并因此具备了音乐能力，从而孩子的智力也会受到相应的开发，这也为以后的学习奠定了基础，这样的话孩子早拿或晚拿小提琴的时间也就显得无关紧要了。

铃木镇一认为，能在某个领域取得最高水平的人，也能在其他领域达到同样的高度，如果孩子能在音乐方面取得很高的水平，那么在其他领域也能取得很高的成就。他认为，通过对孩子进行小提琴训练，可以有效地提高孩子的直觉能力或灵感，并且这种能力或灵感还可以转移到其他方面。

铃木镇一说，自己对孩子进行才能教育的目的不是为了把孩子培养成音乐家，而是把孩子培养成一个能力卓越、内心美好的人，培养成一个幸福的人。

铃木镇一认为，孩子将来能拥有什么样的能力，取决于孩子处于什么样的环境，受过什么样的教育。在教育过程中，他要求学校要为孩子创造最优的环境，提供最好的老师，采用最好的名曲，这样才能培养出最优秀的人才。

铃木镇一提倡循循善诱的教育方法，通过激发孩子的学习热情去引导孩子自发去学习。在他的学校里，3 ~ 5 岁的孩子都在一个班里学习，无论是日语还是算术，大家都反复练习，逐渐增加训练内容，通过这样充分的重复训练，孩子们的潜能得到开发。

铃木镇一认为，遗传有遗传法则，能力有能力法则，并且能力法则与遗传法则无关，在不断适应生存环境的过程中，孩子的能力也会得到不断提高。

铃木镇一认为，每个孩子除了身体条件不一样外，他们所处的家庭环境，比如家庭结构、跟父母和兄弟姐妹的关系、家族的阶层关系，还有生活之地的气候、风土、文化等各不相同，所以对孩子的影响也是不同的，所以孩子们的能力表现出来也是各不相同的。

铃木镇一的教育观点总结如下：

孩子将来拥有什么样的能力，取决于孩子所处的环境以及所受的教育；

教育孩子，要循循善诱，通过激发孩子的学习热情去引导孩子自发学习。

多湖辉（日本）：实践教育法

每一个孩子都是天才，他们身上蕴藏着巨大的、无法估量的潜力，就连宇宙的潜能都隐藏在孩子心中。

——多湖辉

多湖辉是日本著名的教育家，他对儿童心理和脑力开发有深入的研究，他认为增强孩子能力最好的办法就是让父母成为“教育的实践者”。他著有《母爱促进身心健康》《管教孩子的技巧》《学习指导法》等书。

很多父母对孩子的培养和教育都费尽心思，为了让孩子成才，他们用尽了心血，但往往收效甚微，为什么？多湖辉认为，这是因为这些父母没有以一个实践者的心态来教育孩子，在教育孩子的过程中，他们既没有具体的教育行动，也没有教育的艺术和技巧，所以才没什么效果。

多湖辉认为虽然遗传对孩子的智力有影响，但是后天的环境和教育对孩子的影响更大，只要教育及时得当，加上孩子自身的努力，即便先天不足的孩子一样也可以取得非凡的成就。

在教育孩子过程中，母亲是婴儿的启蒙老师和引路人，肩负着重大的责任。虽然大多母亲能尽到“育”的责任，但是往往对“教”的认识不足。幼儿的可塑性很大，如果母亲不重视孩子3岁前的教育，将错失良机。

多湖辉认为，思考能让孩子变聪明，父母要给孩子思考的机会，让他们自己动脑筋去思考一些问题。怎样才能让孩子主动去思考问题呢？多湖辉认为要找机会迫使孩子进入思考问题的状态。

多湖辉认为，当孩子遇到困难时是锻炼孩子思考能力的一个绝佳机会，父母可在旁边做适当的指导，但不要代替孩子做出决定。比如孩子摔倒了，有的父母用言语去鼓励孩子，帮助其站起来；有的父母则模仿孩子摔倒，然后站起来，用实际行动去教育孩子；有的父母则是直接跑过去，将孩子扶起来，这是不可取的，因为孩子具有独立思考的能力，大人只要让孩子做好利用思考能力的准备就好，不用替孩子解决问题。

对于什么时候教孩子学什么？对此多湖辉认为没有确定的准则，因为每个孩子的智力发育速度各不相同，孩子现在对什么感兴趣就是学习什么的最佳时期。

关于父母跟孩子的交流，多湖辉发现有的父母存在一些问题。有的父母喜欢用限制思考的语气跟孩子交谈，比如，有的父母会这样问孩子："那边是超市吧？"这样的问话就限制了孩子的回答范围，让孩子没有思考的余地。父母向孩子提问时应该多用"什么""在哪里""什么时候""为什么""你认为怎么样"等这样能够增强孩子思考能力、表达能力的话。

对于孩子的问题，大人也要认真去回答，如果大人采取不认真的态度去回答孩子的问题，这样可能会导致孩子以后缩手缩脚。对于孩子提出的一些比较荒唐的问题，大人不要笑，这样会让孩子觉得自己受到了嘲笑，以后就不爱提问了。

当孩子问一些连家长都不知道的问题时，有的家长觉得有失自己的身价，于是就会含糊其词，说什么"以后再告诉你""大概是这样吧"；当孩子问一些家长会的问题时，家长就想把自己知道的全都告诉孩子。多湖辉认为，这都不好。即便家长知道答案也不能全部都告诉孩子，这样做会让孩子失去自我思考空间，家长只要对孩子的提问做出逻辑性和科学性回答就好，不用一次性解释过多，重在一步步引导孩子思考。

对于孩子每天都会提出的"为什么""怎么办"等问题，家长可以反过来问孩子，通过这样的提问和对答来拓宽孩子的思维。比如晚上让孩子去睡觉时，孩子会问："为什么晚上必须睡觉呢？"这时，家长可以反问孩子："你认为不睡觉会怎样呢？"通过这样的暗示，引导孩子自己去寻找答案。

多湖辉认为反抗是孩子精神成熟的重要标志。对于孩子的反抗情绪，家长不要过于生气，孩子敢于反抗说明其已经具有对事物进行评判的能力，这是值得高兴的事情。有一段时期，孩子会感情用事，这时父母也不要过于计较，要在孩子面前保持冷静，这对孩子的成长是非常重要的。

多湖辉的教育观点总结如下：

父母要以“实践者”的心态来教育孩子；

父母要多给孩子思考的机会，因为思考能让孩子变聪明；

家长要认真回答孩子的问题。

周弘（中国）：赏识教育法

把小孩最大的缺点都看成可爱的缺点、未来的优点。可爱的慢是未来的快，可爱的粗心是未来的细心，可爱的胆小是未来的胆大。

——周弘

周弘是中国南京人，中国青少年研究中心赏识教育研究室主任，南京婷婷聋童学校校长。他采用赏识教育法将自己全聋的女儿教育成中国第一位聋人少年大学生，还用赏识教育法改变了千千万万个健全孩子的命运，著有《赏识你的孩子》一书。

周弘认为，没有种不好的庄稼，只有不会种庄稼的农民；没有教不好的孩子，只有不会教的父母。正如农民对待庄稼的态度决定了庄稼的命运，家长对孩子的态度也决定了孩子的命运。

周弘的赏识教育源于父母教孩子“学说话、学走路”这种成功率百分之百的教育现象。这种教育方式是每位家长原本就有的，并且本能使用过，不过却未曾发现，后来又无意中遗忘了的。

周弘说孩子小时候学说话，不管说得多含糊不清，父母都会给予表扬，于是绝大多数孩子都学会了世界上最难的口语。现在为什么不能以同样的心态去赞赏孩子的每一个长处、每一点进步呢？为什么不能以赏识的眼光去凝视孩子，让他感受父母对其的欣赏呢？

周弘的赏识教育是承认差异、允许失败的教育方法；赏识教育是充满人情味的教育，是让家长用无限的热爱去开发孩子的潜能，让孩子在欢乐中成长的教育；赏识教育是让孩子热爱生命、热爱大自然的教育，是肯定的教育。

周弘认为，赏识教育在承认差异后，却使差异逐渐缩小、消失；而抱怨教育不承认孩子之间的差异，却使差异慢慢扩大。如果你想让孩子聪明，那就找出孩子聪明的一点火光，然后尽情鼓起吹风，让其形成燎原之势；如果你想让孩子写作业的速度变快，哪怕他只有一点点的进步，也要好好表扬一番，次数多了你会收获惊人的效果。

因为孩子对自己的看法通常取决于周围人对他的评价，尤其是父母的评价，有时一句话甚至一个眼神都能影响孩子一生。孩子会无意识地按照父母的评价来调整自己的行动，以希望达到父母的期望，所以爱孩子就多表扬他吧，这会让孩子更优秀。

赏识教育是尊重生命的教育，是爱的教育。人都渴望被赏识，被尊重，被理解，被关爱。每个孩子也都是为了获得赏识而来，所以多关注孩子的优点和长处，并热情表扬它，让其形成燎原之势，这样，孩子的成长环境才会更积极、健康。

周弘的教育观点总结如下：

没有教不好的孩子，只有不会教的父母；

父母要多表扬孩子，这样会让孩子变得更优秀；

多关注孩子的优点和长处，并热情表扬它，以点燃孩子的生命之火。